肉料理

从肉的分割、加热到成品

[日]高山伊佐己　著

柴晶美　译

中国纺织出版社有限公司

目录 Contents

● STAFF

企划・编辑・版型:和田真由子

摄影:野口健志

设计:松田行正＋日向麻梨子（松田办公室）

插图:楠木雪野

画像提供:Kitchen Minoru

料理助手:Takeshi Naganuma、藤山明日香

校正:安久都淳子

● 主要参考书籍
- 完全理解 熟成肉バイブル／柴田书店／2017 年
- FOOD DICTIONARY 肉／枻出版社／2017 年
- プロのための肉料理大事典／ニコラ・フレッチャー／诚文堂新光社／2016 年
- プロのための牛肉＆豚肉 料理百科／柴田书店／2011 年
- 牛肉料理大全／旭屋出版／2010 年

关于这本书的标记和调味料
- 食谱中的"EVO"是"Extra virgin olive oil（特级冷压初榨橄榄油）"的简称。
- 盐使用西西里和马尔登的海盐和西西里的岩盐。使用的橄榄油产自于托斯卡纳、利古里亚、西西里。
- "调味料的用量要根据口味的喜好和搭配的葡萄酒等进行微调。可以先按照食谱试做，然后随机应变就可以了。"（高山伊佐己）。

第 1 章

肉的科学与知识

＋高山流派·肉的法则

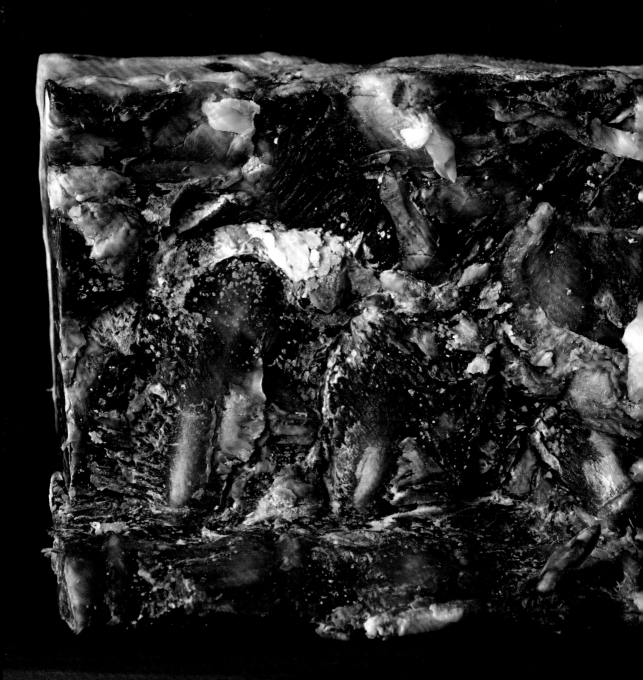

美味的肉科学

了解肉的性质，
通过适当的烹饪方法引入"美味"

解说：松石昌典

日本兽医生命科学大学，食品化学教室教授。以揭开食品，特别是食用肉的美味原因为毕生事业。被食用肉的复杂世界所吸引而进行研究，但出发点是非常喜欢吃肉料理。著作有《肉的功能与科学》（共同作者，负责执笔"食用肉的美味与熟成"，朝仓书店，2015年）等。

在制作美味的肉料理时，除了料理技巧和技能以外，还有其他需要做的事情，就是要正确理解食用肉的组织结构和性质，进行适当的烹调。与肉的烹调相关的"常见问题"，总结成通俗易懂的Q&A（问题和答案）形式，并邀请肉制品专家松石昌典先生（日本兽医生命科学大学，食品化学教室教授）进行了解说。

Q 1

什么是肉的"美味"和"鲜味"？

A 肉的美味（科学上讲是"风味"）是指鲜味物质（谷氨酸和肌苷酸等）＋脂肪的口感和味道＋口中香（肉的香味物质从口中进入，通过鼻腔时所感受到的香味）。

大理石花纹肉（黑毛和牛等）因脂肪的口感和味道而感受到强烈的美味。红肉（短角牛等）由于有鲜味物质，所以也能强烈地感受到美味。

解说 一般认为，被称为食用肉的"美味"指的是基本味道的"鲜味""脂肪的口感和味道""口中香"（食用肉中具有香气的物质从口中进入通过鼻腔时所感受到的香味）复合而产生的感觉。因此，在科学上称为"风味"。各要素具有以下特征。

▶ 鲜味

风味中的"鲜味"是用舌头感受到的5种基本味道之一（其他还有"酸味""甜味""咸味""苦味"），是鲜味物质（谷氨酸和肌苷酸等）与舌头的味觉感受器相结合而产生的感觉。

一方面，谷氨酸在活体的肌肉中原本是以游离状态存在的，但由于加工熟成时蛋白质被分解而重新生成谷氨酸，所以谷氨酸逐渐增加。

另一方面，肌苷酸是动物宰杀后肌肉收缩和松弛所需的能量物质（ATP，5'−三磷酸腺苷）分解产生的物质。肌苷酸的含量在动物宰杀后3天左右达到峰值，然后逐渐减少（p.16 图7）。

即使是少量的谷氨酸和肌苷酸，混合后也具有增强肉的美味的协同作用（p.17 图8）。

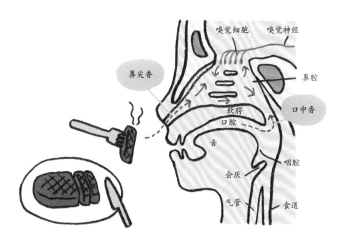

图 1　鼻尖香和口中香

图中标注：嗅觉细胞、嗅觉神经、鼻腔、口中香、软腭、口腔、舌、咽腔、会厌、气管、食道、鼻尖香

▶脂肪的口感和味道

脂肪的口感是指将食用肉含在嘴里时，通过舌头表面的触觉感受到的入口的融化感和光滑细嫩的感觉。脂肪的味道与5种基本味道（"鲜味""酸味""甜味""咸味""苦味"）不同，被称为"第6种味道"（但也有观点认为，这种味道是由香甜的口中香或脂肪的口感带来的感觉）。

像黑毛和牛那样的大理石花纹肉，因为含有30%～50%的脂肪，加上鲜味物质所带来的"鲜味"，还能感受到来自脂肪的香甜的"口中香"、光滑细嫩的"脂肪的口感"或者"脂肪的味道"，因此，形成了具有非常复杂的甘甜风味。

另外，像短角牛那样几乎是瘦肉，只含有5%以下脂肪的肉，由于脂肪产生的香味、口感、味道较弱，因此会强烈地感受到由鲜味物质产生的"鲜味"。另外，烤肉时，由于来自脂肪的香味较少，因此鲜香味更加突出。这种味道和香味的结合，可以产生与黑毛和牛不同的风味。

▶口中香

食用肉的"口中香"如图1所示，是肉在咀嚼时，有香味的物质（香气物质）从口中进入通过鼻腔时，与嗅觉细胞的气味感受器结合，因此有香气"在口中蔓延"的感觉。

口中香容易与食用肉的味道混淆，但只要用手捏住鼻孔就感觉不到了，所以与用舌头感觉到的味道是不同的。一般来说，"牛肉的味道"和"鸡肉的味道"是不同的，这种口中香因动物种类而异，但用舌头感受到的味道却没有差别。

食用肉的口中香是由具有肉香的含硫化合物、具有甜香味的内酯类、具有芳香味的吡嗪类等多种化合物复合构成的。通过这些化合物的组合，形成了"牛肉特有的口中香"和"鸡肉特有的口中香"。

与此相比，人们常说的通过鼻尖能感受到的"味道"就是"鼻尖香"。就像从刚烤好的牛排中冒出的香味或者花香一样，鼻尖香是香气物质从鼻孔进入鼻腔，与嗅觉细胞的气味感受器结合后所产生的感觉。

Q2
牛、羊、猪、鸡等动物种类不同，肉的性质有何不同？

A 肉的"结缔组织厚度"，也就是肉的硬度，因动物种类而异。另外，由于肉的脂肪含量不同，加热后的口感也不同。

解说 肉的组织结构因动物种类的不同没有很大的差异，但由于不同动物种类的肉的结缔组织的厚度（或者说是"肌肉量"）不同，食用肉的"硬度"也不同。

▶ 结缔组织厚度差异

肌肉、肌肉中含有的肌纤维（肌细胞），以及包含在肌纤维中的肌原纤维的结构如图2所示。肌原纤维由粗肌丝和细肌丝组成。粗肌丝是由名为肌球蛋白的一种蛋白质聚合而成，细肌丝是由名为肌动蛋白的一种蛋白质聚合而成。在生物体中，ATP（三磷酸腺苷）的能量使粗肌丝和细肌丝（即肌球蛋白和肌动蛋白）结合、分离，从而使肌肉收缩。另外，肌动蛋白和肌球蛋白在死亡后维持结合态，被称为肌动球蛋白。

这一系列的结构，根据动物种类的不同没有很大的差异。不同的是，包裹它们的肌内膜、肌束膜、肌外膜等结缔组织的厚度（或者说是"肌肉量"）。

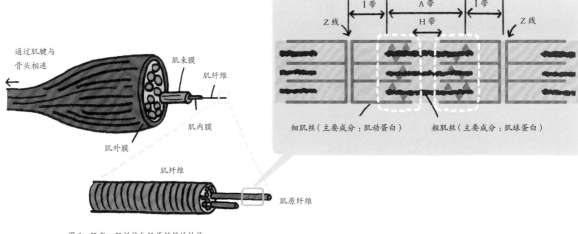

图2 肌肉、肌纤维和肌原纤维的结构

结缔组织厚度的差异与动物的肌肉量，即动物体型的大小大致呈正比。用公式来表示的话，牛>猪=羊>鸭=鸡。可以认为，这是动物为了支撑更大的身体而形成更加结实的结缔组织的缘故。食用肉的硬度也与动物体型的大小有同样的关系。也就是说，肌肉量决定了食用肉的口感。

▶ 肌红蛋白（色素蛋白）含量差异

食用肉一般分为"红肉"和"白肉"。红肉（red meat）指的是牛肉、猪肉、羊肉、鸭肉等外观上红色明显的肉。与此相比，白肉（white meat）指的是像鸡肉这种外观上红色较少的肉（在日语中，对于食用肉，"白肉"这个词不太使用）。

这些食用肉的颜色不同的原因在于，肉中含有的名为"肌红蛋白"的色素蛋白质含量不同。肌红蛋白含量较多的肉可以称为红肉，但红肉和白肉没有明确的肌红蛋白含量区分标准。

▶ 脂肪含量差异

除此之外，影响食用肉口感的还有脂肪含量。脂肪含量因动物种类不同而不同，即使是同种动物，也因品种不同而不同（表1）。

牛的脂肪含量从高到低排列为：和牛的瘦肉>乳牛>进口牛肉。这是因为牛的品种不同，红肉形成大理石花纹的容易程度不同，和牛肉最容易形成大理石花纹。

就红肉而言，牛肉和猪肉的脂肪含量没有太大的差别。羊肉的脂肪含量比牛肉和猪肉的高，但这是因为把肥肉算在内。如果只是对瘦肉而言，则羊肉与牛肉和猪肉的脂肪含量没有太大差别。

与牛、猪、羊相比，绿头鸭和鸭子等禽类的肉的脂肪含量较低，鸡胸肉脂肪含量更低。鸡的大腿肉脂肪含量之所以比其他部位高，这是因为其中含有大量的肌膜（结缔组织），肌膜中含有脂肪。

脂肪含量的差异与食用肉加热时蛋白质变性（蛋白质结构变化）引起的"口感差异"有关（参照p.10 A3）。变性的蛋白质表面具有疏水性（排斥水分子的性质）。如果蛋白质表面有脂肪，它会覆盖变性蛋白质的疏水性表面，因此肉的口感会变得光滑细嫩，但如果脂肪含量少，口感就会变得干硬。因此，脂肪含量比其他食用肉低的鸡胸肉，加热后容易产生干硬的口感。

表1　各种食用肉的脂肪含量

畜种·品种等·部位等	脂肪含量（%）
牛·和牛·西冷瘦肉	25.8
牛·乳牛·西冷瘦肉	9.1
牛·进口牛·西冷瘦肉	4.4
猪·大型食用猪·里脊瘦肉	5.6
羊·成年羊·里脊肉带肥肉	13.4
绿头鸭·无皮	3.0
鸭子·无皮	2.2
鸡·鸡肉·无皮鸡胸肉	1.9
鸡·鸡肉·无皮鸡腿肉	5.0
鸡·鸡肉·鸡柳	0.8

※ 引用日本食品标准成分表 2015 年版（第 7 版）

Q3

煮、烤、余热等烹饪方法不同，肉的变化有何不同？
另外，为了提供安全卫生的肉料理，加热时应该注意什么？

A 　　不同的烹饪方法，加热时温度和用水量不同，肉所产生的"芳香物质"和"蛋白质变性"也不同，这就会导致肉的"香味和口感差异"。为了消灭附着在食用肉上的病原微生物，必须在75℃以上的温度加热1分钟以上。

解说 ▶ 肉的"香味"变化差异

将食用肉在铁网或铁板上烤肉片或肉排等，属于水分少、温度可达到100℃以上的高温加热方法，就会形成"烘烤香"。这是由于此时肉中的氨基酸和还原糖类发生反应，称为"羰氨反应"（也称为美拉德反应），加热后的肉变成褐色（烤焦色）。

另外，该反应的产物和氨基酸进一步反应，发生"Strecker降解"，形成吡嗪类化合物，产生香味（参照 p.6A1）。

和牛的寿喜烧或日式火锅等，是用100℃以下的低温烹饪方法（煮），会形成甜而浓郁的"和牛香"。这种烹饪方法与"烤"的烹饪方法不同的是，吡嗪类化合物的生成量较少，反而是羰氨反应产生的含硫化合物和脂肪通过加热氧化产生的内酯类化合物的香味比较浓郁，是煮肉特有的甜香味。

传统上，日本人喜欢和牛而不是进口牛肉，特别是选用和牛在寿喜烧或日式火锅中食用，原因之一就是和牛具有这种甜美浓郁的香味。

▶ 肉的"口感"变化差异

用大火加热烹饪，使食用肉的温度上升过快，结缔组织的胶原蛋白会较大收缩，肌原纤维蛋白会快速剧烈变性，收缩变硬。此时，由于肉中的水分被挤出而丢失，因此产生了干硬的口感（图3）。

但是，即使在高温下，像炖菜那样将肉在水分多的状态下长时间加热时，暂时收缩的结缔组织的胶原蛋白结构就会被破坏，凝胶化且被溶解，肌肉的纤维就会变得松软。

如果用小火缓慢加热或用余热加热肉，蛋白质的变性就会缓慢进行，从而形成含有水分的结构。这样烹饪出来的肉就会变得软嫩多汁。

另外，在"真空烹饪"的情况下，可以通过50～60℃的温度缓慢低温加热，此时肉中含有的蛋白质分解酶（蛋白酶）会分解蛋白质，使肉变软的同时生成多肽并产生浓郁的味道。

▶ 通过加热来提供安全的肉料理

为了通过加热食用肉来确保安全性，需要适当的加热温度和加热时间。

为了杀死食用肉块表面和碎肉中的病原微生物，必须在75℃以上的温度加热1分钟以上。

另外，对于像烤牛排这样没有用刀切开的大肉块，由于其内部没有病原微生物进入，因此在低于65℃的温度下加热30分钟也没有安全问题。此外，例如鞑靼牛排中使用的生肉，可以使用由肉类批发商处理过（表面加热后的真空包装等）的生食用肉，可以在不加热的情况下食用。

对于像"熟成肉"这样表面发霉的食用肉，因为发霉部分即使加热也不会去除其中的毒素，所以最好将发霉部分修剪后全部除掉。但是，修剪后的肉仍残留极少量的霉菌，如果不是大量食用，而是适当食用的话，充分加热就没有问题了。

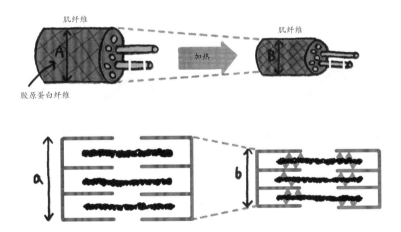

图3　加热食用肉时，肌纤维和肌原纤维的变化：结缔组织（肌纤维）的胶原蛋白收缩（A→B），肌原纤维蛋白质也会凝聚（a→b），变硬。

Q4

在加热之前浸泡在盐、油等调味料里，肉的内部会有什么变化？

A 盐：加热前的浸渍时间不同，结果不同。由于渗透压的作用，肉可能会变得表面多汁或里面软嫩。

油：在肉的表面涂上油，保持水分的同时部分油被肉内部吸收，咀嚼时会有多汁的感觉。

盐曲和葡萄酒：蛋白水解酶的作用使肉变得软嫩多汁。

解说 ▶ **盐引起的肉组织变化**

烤肉时撒盐的时机有两个：一是撒上盐后将肉放置一段时间再烤（先盐），二是在肉即将烤好前撒上盐（后盐）。

有一项研究，调查了在烤肉前撒盐，根据撒盐的时间不同，研究肉质会有怎样的变化（J.Kennji·Lopez =Alto，The Food Lab，岩崎书店，p.289-290，2017）。

研究表明，由于盐附着在肉表面时与水相互吸引的性质很强，因此会从肌细胞内吸引水分渗出（图4）。而且，即使盐被水分溶解，产生的盐溶液中的盐分浓度也比肌细胞内的盐分浓度高，因此，由于渗透压差作用，肌细胞内的水分会进一步渗出。当肉在这种状态下烘烤时，水分不会保留在肉中，而是变成表面多汁的肉。

但是，据说将肉在盐中浸渍放置40分钟以上后，肉中渗出的水分会再次被肉吸收。这是因为肉表面产生的盐溶液中的盐的一部分会扩散到肉中，由此肌细胞内的肌动球蛋白被溶解，肌细胞内的渗

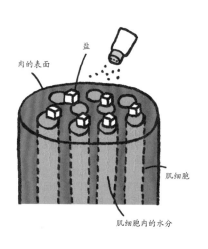

图4　盐导致肉里的水分渗出

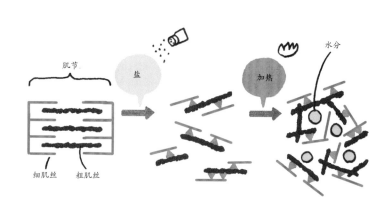

图5　盐渍后加热，肉形成网状结构

透压变高，渗出的水分被再次吸收。这时，盐分也会一起被肉吸收，咸味会牢固地保留到肉的内部。在这种状态下加热肉时，溶解的肌动球蛋白会形成含有水分的网状结构（图5），肉的里面就会变得软嫩多汁。

▶ 油引起的肉组织变化

在烤肉之前，将肉浸泡在橄榄油等油中，然后揉搓，烤后就会变成多汁的肉。在没有油的情况下烤肉时，蛋白质变性，使疏水性（排斥水分子的性质）的部分暴露在表面，这部分不锁水，所以会使肉形成一种干硬的质地。但是，如果揉搓油，肉的表面就会被油覆盖，并且可以防止肉内部的水分流失，烤肉会变得软嫩多汁（图6）。另外，揉搓进去的橄榄油本身在咀嚼肉时也会流出来，使肉的口感

变得光滑，因此会增加多汁的程度。

▶ 盐曲引起的肉组织变化

将肉用盐曲腌制，曲菌中的"蛋白质分解酶"使肉的肌原纤维结构变松。松弛的纤维间隙中可以含有更多的水分，从而使肉变得多汁。

▶ 葡萄酒引起的肉组织变化

肌肉中的"蛋白质分解酶"在酸性环境中具有活性。如果将肉浸泡在酸性葡萄酒中，这种酶就会被激活。活化的蛋白质分解酶可以分解肉的结缔组织，使肉变软，肌原纤维的结构变松，使肉变得多汁。

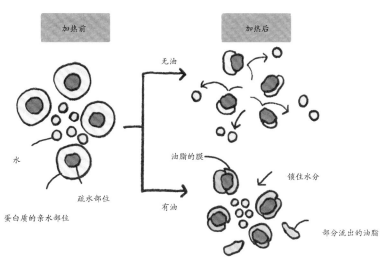

图 6　用油使烤肉保持多汁的机制

Q5

熟成后，肉会有什么变化（与腐烂的区别）？还有什么方法可以使肉熟成？

A 食用肉的熟成是指肉的成分、结构发生以下变化，使肉的美味增加。

· 蛋白质被分解，肌原纤维的结构松弛变软。

· 肉中纤维的缝隙中含有更多的水分，变得多汁。

· 由于蛋白质的分解，氨基酸增加，鲜味增加。

· 产生的各种挥发性物质会形成熟成香。

这些变化与"微生物引起的"食用肉的变质（腐烂）不同。

肉的熟成方法分为干式熟成和湿式熟成两种。

解说 ▶ **肉的熟成**（软化和锁水性的恢复）

牛等家畜屠宰后，肌肉虽然柔软，但会逐渐变硬。其变硬机制如下。

家畜如果呼吸停止而缺氧，肌细胞中就不能合成能量来源ATP。另外，无氧条件下，为了产生能量会发生被称为糖酵解的过程，进行糖酵解反应后，乳酸蓄积，肌肉的pH下降（当pH下降到一定程度，糖酵解的过程也会终止）。最后，肌肉中妨碍肌动蛋白和肌球蛋白相互作用的因子脱落，肌动蛋白和肌球蛋白结合，肌肉中残留下来的ATP会引起肌肉收缩。这就是所谓的"死后僵直"。

牛肉变得最硬的时间是宰杀后24~48小时。将

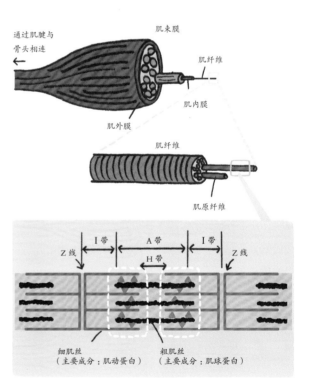

图2　肌肉、肌纤维和肌原纤维的结构（同 p.8）

死僵中的肉加热后食用，肉质会变硬，锁水性低（没有多汁的感觉），缺乏风味。

一般认为，肉软化的大部分原因是由于细胞内的蛋白酶（存在于细胞中的蛋白质分解酶）破坏了肌肉Z线（参照图2）的结构以及支撑粗肌丝和细肌丝的蛋白质（连接蛋白和结蛋白等）而引起的。肉的锁水性的提高也与这些结构的破坏有关。也就是说，这些蛋白质的分解，使得肌原纤维的结构变松，细肌丝和粗肌丝的缝隙中可以含有更多的水分（恢复锁水力），使肉变得多汁。

另外，肌苷酸可以将死后僵直的肉的肌动球蛋白解离为肌动蛋白和肌球蛋白，这也与放松肌原纤维的结构有关。

▶ 肉熟成方法①干式熟成

将嫩肉或局部肉暴露在"空气中"进行熟成的方法被称为干式熟成（dry aging）。

在日本，自古以来就有将半头～1头牛重的嫩肉或大块的局部肉（整块里脊肉或腿肉）的和牛肉挂到天花板的挂钩上使其熟成的方法。这些被称为"干"或"吊"的方法，目前仍有部分肉类批发商等继续采用这种方法使肉熟成。

另外，近年来流行的是"把风吹到肉上"的干式熟成法。多数情况下，在熟成肉专用的冷藏室里放置存放嫩肉和局部肉的开放式架子，转动多个电风扇，持续对肉吹风，将肉一边干燥一边熟化。干式熟成后的肉的表面会发霉或干燥变硬，因此要通过修剪去除该部分后食用。

▶ 肉熟成方法②湿式熟成

对局部肉进行真空包装，在不接触空气的"真空中"进行熟成的方法被称为"湿式熟成"（wet aging）。

自古以来，肉的熟成是使用干式熟成法的，但是在20世纪70年代真空包装技术发展之后，为了防止来自外部的微生物污染和脂质的氧化，提高肉的保存性的湿式熟成得到了压倒性的普及。

▶ 熟成引起的味道变化

改善肉的口感的机制如下。

肌肉蛋白被与软化有关的细胞内的蛋白酶分解后，生成多肽（几个氨基酸连接而成），多肽进一步被细胞内的氨基肽酶分解，使得氨基酸含量增加。因此增加了肉的美味。

另外，ATP被其他酶分解，生成具有美味的肌苷酸（IMP）。肌苷酸进一步分解成其他化合物，如肌苷和次黄嘌呤。但是，由于在这里发挥作用的酶的活性较弱，肌苷酸的减少速度比较慢（p.16 图7）。因此，在熟成过程中，肌苷酸通过与谷氨酸等氨基酸的协同作用（p.17 图8），使肉的美味增加。

在干式熟成中，很多人都说肉是"通过干燥使味道浓缩"，但是肉的水分大幅减少是因为修剪除去了表面部分，实际食用的肉块内部的水分不会大幅减少。这种熟成中感觉到肉的味道浓厚，主要原因是由于上述细胞内的蛋白酶和氨基肽酶的作用，使得产生的多肽和氨基酸增加导致的。

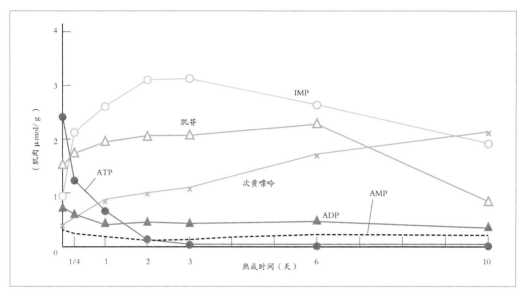

图 7　猪肌肉在 4℃下熟成时的 ATP 及其分解物含量的变化
（引用自松石等人编的《肉的机能和科学》，朝仓书店，p.79，2015 年）

▶ 熟成引起的香味变化

关于香味的变化，空气下（干式熟成）和真空下（湿式熟成）的情况不同。

在真空下（湿式熟成），熟成的肉在生肉状态时，有时会感觉到有铁臭味和酸臭味。这是由于真空包装内的肉表面增殖的乳酸菌类等细菌产生了酸类和酮类等挥发性化合物。但是，加热这种肉后，由于熟成过程中酶促进了游离氨基酸和糖的羰氨反应（参照p.10A3），比熟成前的肉会产生更多的挥发性化合物（如醛和吡嗪）。因此，肉熟成前的较弱的肉汤类香味（与煮熟的肉的香味相似），在熟成后变成了迷人的、浓郁的烤肉类香味。

在空气下（干式熟成）熟成时，黑毛和牛肉和红肉的香味不同。

将大理石纹理的黑毛和牛肉在空气中熟成后，在80℃左右的热水中加热，就会散发出独特和牛香。

对于瘦肉较多的非日本产牛肉、日本本地乳牛肉和日本短角种牛肉，一边吹风一边干式熟成时，生肉状态下会产生一种被称为"坚果味"的独特香味。这种香味被认为是在肉块表面由名为 *Pilaira anomala* 的霉菌和名为 *Debaryomyces* 的酵母菌等产生的，但形成这种香味的挥发性物质是什么，目前还不清楚。

坚果味并不一定是大家都会喜欢的香味，一些爱吃肉的人还是非常喜欢野性的味道。但是，通过修整去除肉表面的一部分残留时仍有少量坚果味，加热时（与真空下熟成时的机理相同）增加的游离氨基酸和糖发生羰氨反应，产生烤肉的香味。将坚果味和烤肉味这两种香味混合在一起，得到了更普遍受欢迎的较好的香味。

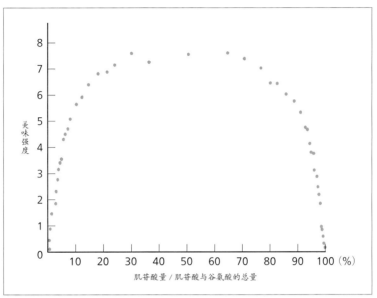

图 8　谷氨酸和肌苷酸的协同作用

肌苷酸含量 / 肌苷酸和谷氨酸的总量 ×100。

与仅用谷氨酸（0）或仅用肌苷酸（100%）相比，两者含量各占一半（50%）时，美味强度为其 7 ~ 8 倍。

（引自小俣的《"美味"与味觉的科学》，日本工业新闻社，p.215，1986 年）

美味的肉知识

了解各种各样的食用肉种类，
找到"理想的肉"

为了做出令人满意的肉类菜肴，找到你想要的肉比什么都重要。

为了恰当地选择肉，需要理解、掌握多种多样的食用肉（种类或分类）。

在本节中，对想让大家知道的关于肉的最基础的知识进行了紧凑的介绍。希望以此为依据，同时配合试吃，寻找自己理想中的肉。

牛

在日本，牛肉给人的印象是"美味佳肴"。根据日本国民人均食用肉年消费量（2017年发表）统计，牛肉占比约为19%。虽然不及鸡肉（约41%）和猪肉（约39%），但由于取消关税等原因，日本的进口牛肉价格下降，消费量有再次增加的趋势。

以前，日本人对"美食牛肉＝富含雪花纹理（脂肪）的黑毛和牛"的印象很深刻，但由于近年来的"肉热潮"，"瘦肉""熟成牛肉""用牧草饲料培育的牛肉"等多种牛肉开始受到关注。

牛肉的分类

用于食肉的牛不仅包括"肉专用种"，还包括"乳用种"的公牛（绝育牛）和完成了产奶作用的母牛，以及乳用种和肉专用种交配的"杂交种"。从牛的品种来看，荷斯坦种占43%，黑毛和种占41%，杂交种占14%，其他为2%[※]。鲜为人知的是，最稀有的和牛不是"黑毛和种"，而是"褐（红）毛和种""日本短角种""无角和种"这3种。

※ 数据来源于2016年发表的"牛个体识别全国数据库的统计结果"

牛肉的分类

日本的国产牛肉	和牛	黑毛和种	多数为前泽牛、米泽牛、飞驒牛、近江牛、松坂牛、神户牛、佐贺牛等。肌肉之间容易长出雪花纹理（脂肪），容易长成大理石纹理的肉
		褐（红）毛和种	熊本赤牛、土佐赤牛等。瘦肉和脂肪的平衡良好，可用于干式熟成
		日本短角种	岩手短角和牛等。虽然也有雪花纹理，但以瘦肉为主，肌肉发达。干式熟成引起的味道变化很大
		无角种	山口县阿武郡的无角和牛。肉呈现出适度的大理石纹理，柔软，质地稍粗糙
		杂交种和牛	上面品种之间的交配
	肉专用种		进口其他国家的幼牛并在日本饲养的牛等
	杂交种（F1）[※]		日本主流是荷斯坦种母牛与黑毛和种交配
	乳牛	荷斯坦种	比和牛便宜的红肉，水分含量较多。作为干式熟成肉很受欢迎
		娟姗牛	因为肥肉容易变黄，所以多用于加工肉
		其他的乳用种	
日本的进口牛肉（不适用《牛追溯法》）			安格斯种（原产于苏格兰）/ 契安尼娜种（原产于意大利）/ 海福特德种（原产于英国）/ 利木赞种（原产于法国）/ 夏洛来种（原产于法国）/ 其他

※ 杂交种（F1）：由不同品种杂交出生的牛。如果是和牛之间的杂交，则为"和牛的杂交种"，而其他品种的杂交则表示为"国产牛（杂交种）"，而不是标明和牛。

牛肉的等级评定

产量等级	肉质等级 根据"雪花纹理的多少""脂肪的光泽""肉的色泽""肉的紧绷程度和细度"，分为5个阶段。				
	5	4	3	2	1
A 高于标准	A5	A4	A3	A2	A1
B 标准	B5	B4	B3	B2	B1
C 低于标准	C5	C4	C3	C2	C1

牛肉的等级评定

经常能看到"A5高级牛肉"等表示，牛肉的等级是用英文字母A ~ C表示"产量等级"，将其和数字1 ~ 5搭配来表示"肉质等级"。在这个等级中，牛肉的雪花纹理（脂肪）含量越多，评价就越高，因此对脂肪较多的"黑毛和牛"有利，但需要注意的是，这对最近受欢迎的"红肉牛肉"不利。值得一提的是，喜欢红肉的法国在牛肉的评级中，牛肉的脂肪率越接近"标准"，评价越高。

牛的饲料

据说牛肉的味道会因牛所吃饲料的不同而改变。如果吃的是精饲料（以谷物为主），则肉中容易含有雪花纹理（脂肪），如果是粗饲料（以牧草为主），则容易长成瘦肉。美国和日本的主流牛饲料是玉米等谷物饲料，澳大利亚、新西兰、阿根廷的主流牛饲料是牧草。为了提升牛肉的味道，一些生产商想办法在饲料中加入具有高抗氧化能力的东西，如葡萄酒和橄榄油渣滓等。

牛的饲料

粗饲料（grass）	牧草（生、干），青贮饲料（发酵粗饲料），WCS（水稻发酵粗饲料，全作物青贮饲料）
精饲料（grain）	玉米，小麦类，大豆，糠糟类，米
复合饲料	根据配方、饲养目的，以一定比例混合多种饲料原料和饲料添加剂

部位特征

牛里脊（眼肉）：从头侧数到第7 ~ 10根肋骨的肉就是肋状里脊肉，中心部位是芯状里脊肉。红肉的口感和脂肪的美味兼备，是牛肉中最高级的部位。

西冷：第11 ~ 13根肋骨处的肉。和里脊并列的最高级部位。沿着脊梁骨切的话，骨的断面形状被称为"L骨"，含有里脊肉的话被称为"T骨"，作为牛排使用很受欢迎。

腰臀肉：在牛腰肉后面，脂肪少，柔软细腻的红肉。与牛后臀尖肉合在一起被称为腿腰臀肉。也被用作生食。

牛舌：虽然是经常活动的部位，但肉质柔软，比牛其他柔软的部位味道更丰富，更浓。含有特别多的维生素 B_2 和烟酸。

牛后臀尖肉：肉质柔软，风味佳的红肉。比腰臀肉稍硬，用于炖菜或切碎后做肉馅等。

牛肚（牛的第2胃，意大利语为 Trippa）：继第1胃（瘤胃）之后的第2胃。脂肪成分少，维生素 B_{12}、维生素 K、胶原蛋白含量丰富，有独特的口感。在意大利，常用来炖菜。

后腿肉：腿外侧肉运动量大，肌肉发达，稍硬，质地粗糙。腿内侧肉比外侧肉柔软，脂肪少。硬的部分可以炖，软的部分可以烤或炒。

牛颈肉 上脑 眼肉 西冷 臀肉 臀尖肉 菲力 牛肚 胸肉 牛腩 牛腿肉 牛腱 牛腱

猪

猪肉对日本人来说是很熟悉的食用肉。猪肉相对便宜，肉和脂肪不用特别处理，按原本状态就能直接烹调，火腿和培根等加工食品的选择性比其他任何肉品都多样。自20世纪60年代开始统计以来，日本国内猪肉的消费量一直保持在第1位，直到2012年被鸡肉超越。

在日本，自1971年猪肉进口自由化以来，除了市场上一般的"杂交种"之外，还可以品尝到伊比利亚猪等世界各地特色的猪肉。另外，日本国内生产者根据当地风土培育出的"地方品牌猪"也很受欢迎。

种猪品种

在养猪产业中，一般是通过多种不同的品种进行交配，交配出符合要求的猪。右上表的6个品种是日本用于配出精品猪肉的基本品种。

种猪的品种	
大约克夏猪	原产于英国约克郡 大型品种（1岁时170～190kg），毛色为白色。因为生长快、肉量多，所以作为杂交品种被广泛饲养
中约克夏猪	原产于英国约克郡的中型品种 皮下脂肪厚，脂肪质量好，肉细。由于成长缓慢，日本国内的饲养数量急剧减少
长白猪	原产于丹麦 作为加工肉用的评价很高。脂肪薄，瘦肉多。繁殖能力强，雄性和雌性的纯种被广泛用作种猪
杜洛克猪	美国本地种交配出的猪 成猪300～380kg。适合用草等粗饲料饲养，适合放牧。肉中容易有雪花纹理，柔软，但皮下脂肪较厚
汉普夏猪	在美国改良的英国品种 毛色为黑色，从肩部到前脚为白色。瘦肉多，肉质好。占日本种猪的40%，但由于不耐热而数量减少
巴克夏猪	这是改良了英国本地种的"黑猪"。鼻尖、脚尖、尾巴都是白色的。肉软，脂肪清淡。生长缓慢

猪的三元／四元交配

实际上市的猪肉中，与6种基本品种以及地方猪相比，"杂交种"的猪占绝大多数。这是因为，如果将不同的3～4个品种/品系的猪交配，仅限于一代，就会交配出比种猪更优良的品种（这叫杂种优势现象）。杂交的雌性和纯种的雄性交配成三元猪，杂交的雄性和杂交的雌性交配成四元猪。

猪的三元/四元交配		
三元猪	LWD	血统包含发育良好的长白猪（L），肥瘦均匀良好的大约克夏猪（W）和结实的杜洛克猪（D）。在日本最普遍
	LDB	血统包含发育良好的长白猪（L），结实的杜洛克猪（D）和肉质良好的巴克夏猪（B）
	LDK	血统包含发育良好的长白猪（L），结实的杜洛克（D）和美味的金华猪（K）。日本的生产流通很少
四元猪	LWDB 等	血统包含发育良好的长白猪（L），肥瘦均匀良好的大约克夏猪（W），结实的杜洛克猪（D）和肉质良好的巴克夏猪（B）

世界和日本的品牌猪

适应当地植被和气候风土而演变出的"地方猪"，虽然存在生长缓慢、繁殖与饲料利用效率低等问题，产能不高，但如右表所示，它们具有多种多样的独特味道，开始受欢迎。在日本，育种者也在品种交配和培育方面下功夫，饲养着地域色彩丰富的地方品牌猪。

世界和日本的品牌猪（部分）

世界	伊比利亚猪	在西班牙伊比利亚半岛饲养的猪，主要用于制作生火腿。以橡果等为食成长。甜香味的脂肪很受欢迎
	加斯科涅猪	产于法国比利牛斯。吃栗子和橡果，放养长大。脂肪虽然厚，但味道很清爽。纯种是名为"金特亚猪"的名牌猪
	金华猪	产于中国浙江省金华地区的小型品种。用于制作中餐中的金华火腿。水分含量多，脂肪有甜味。在日本静冈县的御殿场等地饲养
	梅山猪	中国江苏省的本地种。肉质软软的，有雪花纹理，味道浓郁。脂肪是清淡的味道。在日本茨城县等地饲养纯种
	羊毛猪	原产于匈牙利。红肉鲜味浓郁，脂肪熔点低，入口即化
	辛塔·塞内塞猪	原产于意大利托斯卡纳。肉有浓郁的风味，被加工成生火腿、意大利腊肠等
日本	冲绳黑毛猪	冲绳稀有的本地种，黑琉猪的雄性和杂交种的雌性交配而成。脂肪口感脆，胆固醇含量低
	群马和猪	肉是细腻有光泽的粉红色。具有黏稠的弹性（日文为mochi mochi，所以称为MOCHI猪
	东京 X 猪	用北京黑猪、鹿儿岛的巴克夏猪和杜洛克猪三元交配出的猪。肉质具有大理石花纹，细腻，多汁
	庄内绿猪	用长白猪、大约克夏猪和杜洛克猪三元交配出的猪。柔软的瘦肉，浓郁的味道和清爽的脂肪是其特征
	鹿儿岛黑猪	用冲绳产的猪和巴克夏猪交配而成的黑猪。用混有白薯的饲料饲养，肉质紧致，口感爽口

部位特征

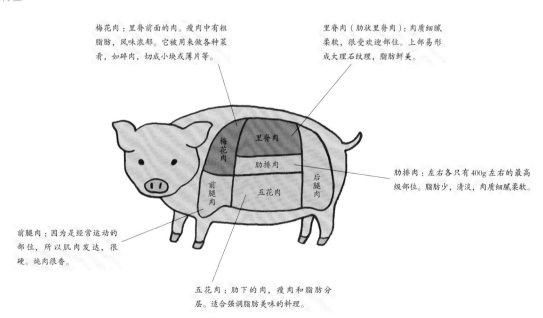

梅花肉：里脊前面的肉。瘦肉中有粗脂肪，风味浓郁。它被用来做各种菜肴，如碎肉，切成小块或薄片等。

里脊肉（肋状里脊肉）：肉质细腻柔软，很受欢迎部位。上部易形成大理石纹理，脂肪鲜美。

肋排肉：左右各只有400g左右的最高级部位。脂肪少，清淡，肉质细腻柔软。

前腿肉：因为是经常运动的部位，所以肌肉发达，很硬。炖肉很香。

五花肉：肋下的肉，瘦肉和脂肪分层。适合强调脂肪美味的料理。

羊

羊肉和牛肉、猪肉、鸡肉一样可用于各种菜肴，在日本，以北海道的料理"成吉思汗烤肉"最具代表，最近中东和近东、亚洲、南美等地善用香料的羊肉料理也很受欢迎。羔羊肉具有奶昔一样的风味和独特的甜味，在西欧各国的受欢迎程度不亚于羔牛的高级肉品。

与牛肉、猪肉、鸡肉相比，羊肉在日本全国并不普及，日本人均羊肉年消量的占比不到整体食用肉的1%，但近年来作为"健康食用肉"的评价很高，日常的需求不断增加。羊肉富含铁、必需氨基酸、具有降低胆固醇作用的不饱和脂肪酸、B族维生素等，特别是含有一种称为"肉碱"的类氨基酸，据说人摄取后会燃烧体内脂肪，其在羊肉中的含量为猪肉、牛肉的3～10倍。

羊肉的种类

羔羊肉	1岁以下的羊的肉。肉质柔软，没有膻味，有醇厚的风味。出生4至6周的奶羔羊肉质非常柔软，具有奶昔一样的风味，口感细腻
羊肉	出生1年以上2年以下的羊的肉。脂肪和肉的醇厚风味都变得强烈，肉质比羔羊肉更结实
成羊肉	出生2年以上3年以下的羊的肉。在保留肉质柔软性的同时，比羔羊肉更有风味，脂肪也稍微多了一些

羊的主要品种

萨福克羊	原产于英国萨福克州。体型大，身上毛为白色，面部和腿部毛为黑色。没有多余的脂肪，瘦肉多。生长迅速，广泛用于肉羊配种
德克塞尔羊	荷兰德克塞尔岛饲养的品种。作为肥肉少的最高级的羊肉而闻名世界
南丘羊	原产地是英国萨塞克斯州南唐斯丘陵地带。虽然体型小，但体格健壮，肉质是所有英国种中最好的
罗姆尼羊	新西兰的代表品种。它既产羊毛，也产羊肉

部位特征

羊鞍肉：脊背肋骨附近的部位，也称为"鞍"。每根肋骨整切时被称为带骨羊排。肉质柔软，是羊肉中最好的部位。适合烤或煎羊排。

后腿肉：脂肪含量最少，是味道清淡的部位。软的部分用于做羊排和烘烤，硬的部分用于炖煮等。

羊肩肉：因为是肌肉较多、较硬的部位，所以切成条状烹调。另外，脂肪也多，有羊肉特有的气味，所以通常要除去脂肪。适合炖菜或用于"成吉思汗烤肉"。

小腿肉：带骨头的小腿肉也被称为"羊蹄"。富含结缔组织，需要花时间慢慢烹调，但鲜味浓郁。

鸡

　　低卡路里、价格适中的鸡肉在日本国内消费最多。市面上的鸡肉几乎都是来自其他国家的肉鸡（短时间内上市的肉用幼鸡的总称）品种。由于其生长快，成活率高，所以需求高。其特征是肉质柔软。

　　在日本流通量、生产量少的稀有鸡是日本国产品种的"品牌鸡"和"地方鸡"。虽然纯国产品种的鸡只有约2%，但在日本各地，使用原生种和味道、口碑较好的品种积极进行改良。他们重视鸡肉的味道和口感，在饲料和饲养方法上也下了功夫。

鸭

　　在日本，自古以来就有吃鸭的习惯，具有代表性的料理包括鸭锅等。食用鸭分为狩猎捕获的（家常菜食材）"野鸭"和饲养的"合鸭"。

　　一般作为食用而在市场上流通的是合鸭，由野生的绿头鸭和家鸭（将野生绿头鸭驯化成家禽的鸭）交配而成。与野鸭相比，合鸭没有太浓郁的鸭肉特有的味道，肥肉多肉质嫩。

　　日本使用的合鸭从法国和匈牙利等地进口较多，虽然日本国产的合鸭产量、流通量较少，但在各地都有饲料和饲养方法都很讲究的品牌鸭。

鸡的种类和品种

日本的国产鸡	肉鸡	孵化后不到3个月的食用种。饲养方法没有特别的标准。饲养期短，肉和皮都很柔软
	品牌鸡	虽然没有严格的规定，但饲养时间比肉鸡长，使用优质的饲料等。每个地区进行饲养时都下了功夫 • 白色系/幼鸡系（森林鸡、大山鸡、地养鸡、房总香草鸡等） • 红色系（萨摩赤鸡、水乡赤鸡、伊达鸡、三河赤鸡等）
	地方鸡	根据JAS（日本农林规格）的规定，有原生种血统在50%以上、鸡龄75天以上、孵化后的饲养环境（放养）等条件。 • 日本三大地方鸡（比内土鸡、名古屋交趾鸡、萨摩土鸡） • 其他地方鸡（天草大王鸡、天城军鸡等）
日本的进口鸡	品牌鸡	每个地区在品种、饲养方法和鸡龄等方面都有讲究。 • 布雷斯鸡（法国）：经过原产地命名制度AOC认证。饲养期间、饲养环境、饲料等有详细的规定。鸡腿的肌肉发达，肉质紧实有嚼劲

部位特征

鸡胸：无皮鸡胸肉脂肪含量最少。加热时必须保持水分，避免口感变柴。

鸡翅尖

鸡翅根

鸡胸

鸡柳

鸡胗

鸡肝

鸡腿

鸡肝：有独特的甜味。为了避免食物中毒风险，必须充分煮熟。

鸡腿：肉色深，肉汁多。可以连皮一起烹调，适合炖煮和烘烤。

鸭的种类和品种

野鸭	狩猎捕获的野生绿头鸭。被猎食的野禽。　流通量极少		
合鸭	一般食用的鸭子。由野生绿头鸭和家鸭交配而成		
	日本的进口鸭	番鸭	鸭子中最大的品种，生长快。占法国国内饲养鸭的90%，日本进口的番鸭大多是法国产的。肉质好，脂肪含量少
		樱桃谷鸭	以北京烤鸭专用的北京种在英国改良而成的品种。味道细腻，适合日本料理。生长快，价格也比较合理
		骡鸭	是制作鸭肝专用的品种，也常用于煎鸭胸。脂肪含量比较多，肉质柔软。日本的许多进口骡鸭来自匈牙利
		走地雄鸭	不是品种名，而是特定产地的品牌鸭。传统的饲养方法等有严格的规定。因为宰杀时不能放血，而是让其窒息，所以肉味浓郁且野味很浓
	日本的国产鸭	产于日本各地，包括北海合鸭、八甲鸭、岩手鸭、倭鸭、最上鸭、河内鸭和京鸭等	

高山流派
肉的法则

高山先生坚决表示："'肉不放回至常温就烤不出美味'这种事是不存在的！"

他独特的肉哲学，可能与以往关于肉的认识相违背，让人觉得"不合常理"，但这都源于他对肉的深刻理解和丰富的经验。高山先生将这些被称为"食用肉的新常识"的肉哲学精华总结为9条"肉的法则"，并进行详细说明。

① 肉不用放回至常温。

② 不要一开始就烤焦上色。

③ 注意肉的"肌纤维方向"。

④ 烘烤时可以反复翻面。

⑤ 使用一定的火候，将肉的正面和背面烘烤相同的时间。

⑥ 燃气灶不是调节火候的唯一方法。

⑦ 烤好的肉不用静置。

⑧ 肉的味道 = 特色，要凸显而不是消除。

⑨ 依据肉中的含水量决定"如何烘烤"。

1 肉不用放回至常温。

把从冰箱里拿出来的肉"不用放至常温状态，凉着就开始烤"，这是一种颠覆了"料理常识"的方法论……

"肉的内部会半生不熟，不会不好吃吗?"，高山先生回答说:"通过适当的烹饪，只要在烤的时候让肉的内部恢复到常温就可以了。"

"从小火或中小火开始加热，慢慢地将热量传递到肉的内部，在烹调的过程中肉的内部就会慢慢恢复到常温。绝对不能从一开始就用大火烤肉的表面。"

特别是对于不想让客人等待的餐馆来说，这是一个不可忽视的缩短客人等待时间的技巧。

2 不要一开始就烤焦上色。

烤焦上色是指将肉的表面"烤硬"以达到收汁效果。如❶所说明的那样，如果一开始就用大火烤焦上色，肉的表面从最初就会变硬，"热量"就很难传递到内部。按预期的火候加热，将热量传到肉内部后，最后再烤焦上色，这才是真正的诀窍。

另外，肉的"鲜味"在肉表面烤硬后就很难流出。在炖菜或咖喱料理时，要把肉的鲜味渗透到汤汁中，制成美味的汤汁，所以在煮之前不能把肉烤熟，这是高山流派的观点。

3 注意肉的"肌纤维方向"。

"切肉时，要注意到肉的'肌纤维方向'"，这也是高山先生独有的方法论。用平底锅和炭火等从下到上单向传递热量的直火加热时，如果将肉切成使热量传递方向和肌纤维方向平行（与锅面方向垂直），热量就会顺利传导（图左）。用平底锅或炭火烤肉排时，最好用这样的切肉方式。

相反，如果把肌纤维的方向切成水平方向的话，从下到上的热量就会被肌纤维阻滞，热量难以传递到肉内部（图右），所以不适合直火烹调。

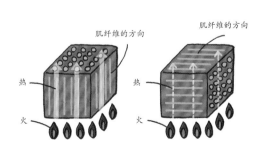

肌纤维的方向　　肌纤维的方向

热　　热

火　　火

4 烘烤时可以反复翻面。—— "烤肉时，把翻面的次数控制在最小限度"，这些以往的常识是为了使肉的烤色变得漂亮。在高山流派中，烤肉的上色是最后的步骤，所以在烤的过程中可以反复翻面。相反，为了精细控制温度上升情况，最好反复翻面。

"尤其是和牛，如果在高温下烤，就无法引出内酯的甜香味。为了避免温度过高，在略低的温度下烤制时，要反复翻面。"

5 使用一定的火候，将肉的正面—— 和背面烘烤相同的时间。

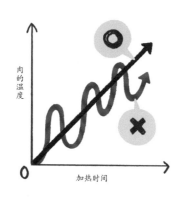

"为了将肉烤得柔软美味，原则上在肉烤好之前要以一定的升温速度加热（图中的○号）"。如果突然从小火变成强火，又变成小火等不规则加热时，肉的温度上升也会变得不规则（图中的×符号）。这样的烤法会导致"肉切开时肉汁会噗嗤一声喷出来"，烤得并不美味。

为了使肉的温度顺利上升到烤好为止，在保持稳定火候的同时，还要在烤的过程中使肉的正面和背面的加热时间（分钟数）相同。

6 燃气灶不是调节—— 火候的唯一方法。

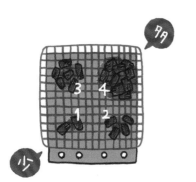

火候：4 > 3 > 2 > 1

较厚的部分、骨头周围难加热的部分等，根据肉的部位和状态的不同，火候也不同。即使是燃气灶以外的热源，也需要微妙地调整传热方式。

"在我的店里，木炭的放置量分4种，可以通过改变肉的位置来调节火候"。例如带骨头的肉，将不易烤熟的骨头的边缘放在图中4的位置，容易烤熟的部分放在图中2～3的位置，可以一边烤一边改变火候。

在平底锅里一边浇油※一边烤的时候，肉浸泡在高温的脂肪里，火候就会太大，所以要经常将溢出的油脂舀出。

※浇油：用汤匙舀出肉因加热而溶解出来的脂肪和黄油等，重新浇在肉上，通过高温的脂肪加强受热。

7 烤好的肉不用静置。

高山先生认为："烤牛肉等大块肉的情况下，或者不是用直火而是用烤箱烤的情况下，需要让肉在烤好后静置，使内部的血和肉汁渗透出来。如果用直火烤2人份大小的肉排，烤好后就没有必要让肉静置了。"

在直火加热的情况下，一边进行烤制，热量可以一边从肉的上侧（热源的相反侧）释放，这相当于烤制过程中发挥静置（时不时将肉从热源中取出，使余热扩散）效果，所以烤制后不需要再静置。可以在热乎乎的美味状态下提供给顾客。

在烤箱中烘烤时，由于从全方位给肉加热，没有散热的空间，因此在肉烤好后需要时间静置。

8 肉的味道＝特色，要凸显而不是消除。

"各种动物的肉所特有的味道既有个性又有魅力。不要过度消除才能够享受真正的美味"，这是高山先生的一贯主张。

不使用掩盖肉的香味和特有味道的预处理方法和烹调方法，不用酱汁，极力凸显肉的味道＝特色。其方法论和风格与"凸显食材"的意大利料理不谋而合。

通过香草、有香味的蔬菜、香料等赋予料理变化和层次感，只去除一次浮沫，后续料理环节完毕后加入具有抑制肉味或特殊气味作用的盐（后盐）等技术也值得关注。

9 依据肉中的含水量决定"如何烘烤"。

与水含量较低的熟成牛（DAB）相比，普通的和牛肉水分含量较高。猪肉的含水量比和牛肉高，羔羊肉和鸡肉的水含量更高。腌制在调味汁中的肉的含水量也随腌制汁的含量而增加。

"如果在短时间内烘烤含水量高的肉，当切割处理好的肉时，肉汁会一下子流出来。因此，我们要从低温开始加热，花时间把肉的美味锁在肉中。"

根据经验，购买肉后，仔细观察肉的含水量并考虑如何烤制，才是不失败的铁则。

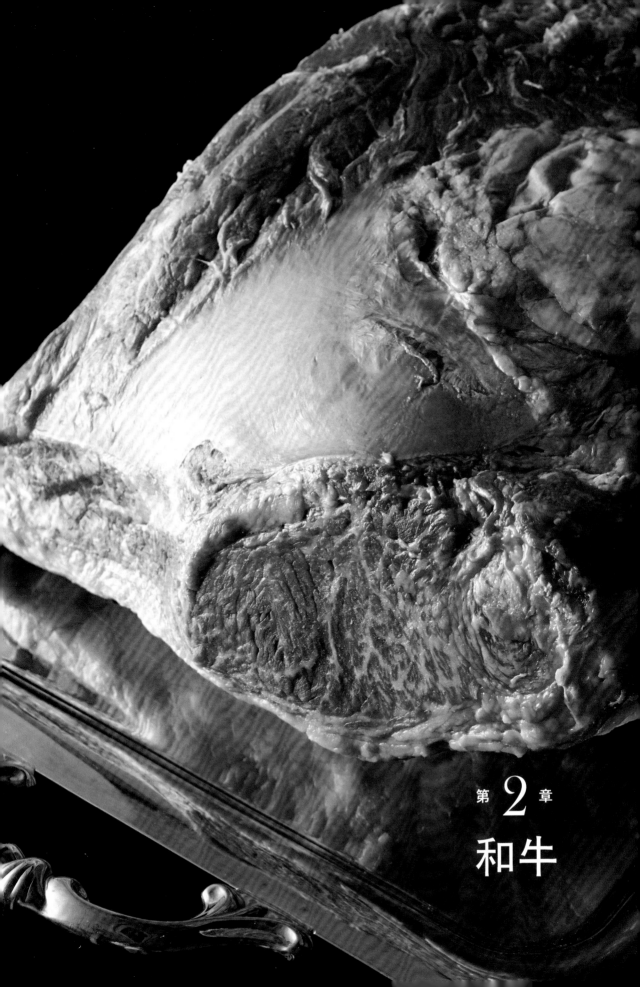

第 2 章

和牛

和牛（黑毛和牛种）
烹饪的思路和方向性

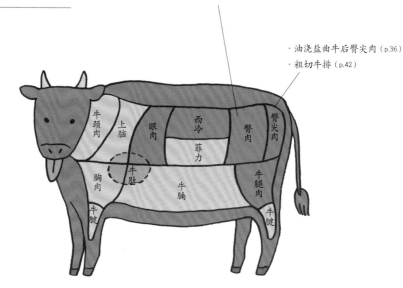

· 烤生牛肉片（p.48）
· 鞑靼牛排（p.51）

· 油浇盐曲牛后臀尖肉（p.36）
· 粗切牛排（p.42）

（图中标注：牛颈肉、上脑、眼肉、西冷、菲力、臀肉、臀尖肉、胸肉、牛肚、牛腩、牛腱、牛腿肉、牛腱）

　　笔者认为食用肉中，在味道的复杂性、鲜味、香味方面，和牛肉是最好的。

　　但是，如果料理时整块牛肉受热均匀时，味道就会变得单调，中途就会吃腻。这是我在烤肉店出生长大，每周吃6天牛肉的经验总结。正因为如此，对于中途吃不腻的料理方法有深思熟虑。

　　虽然没有多少厨师有同样的想法，但笔者认为，如果是一块肉的话，还是在加热时火候要不均匀，要渐变，做一些过于烤焦的部分和轻煎的部分，打造出层次感，这样才能一直将美味吃到最后。和牛来自"内酯"（p.7）的甜香味，将雪花纹理（脂肪）在70～80℃的不太高的温度下烤时尤为突出。烤的时候要多翻几次，与其说是"烤"，不如说是"加热"的感觉，通过这种微妙地加热方法，最大限度地发挥和牛肉特有的魅力——甜香味。

处理和牛时的注意事项

🔹 用来生食的肉应在卫生的环境中打开。打开包装后最迟两天内用完。

DATA

· 秋川牛的"腿腰臀肉"※（等级：A5，月龄：29个月，12.9 kg）
· 常陆牛的生食用肉（部位：腰臀肉，月龄：32个月，3.2 kg）
※ 后腿肉中横跨腰臀肉（腰）和牛后臀尖肉（屁股）的部位。

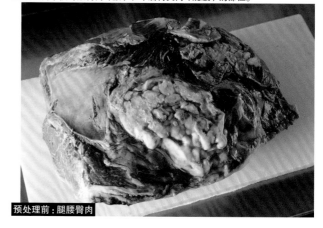

预处理前：腿腰臀肉

腰臀肉

牛后臀尖肉

臀侧

1　首先，将后腿肉上的腿腰臀肉分割成腰臀肉和牛后臀尖肉。右下角是牛后臀尖肉，左上方是腰臀肉（面对照片的右侧为臀侧，左侧为头侧）。

2　戴上一次性手套打开包装。取下保鲜布，用餐巾纸擦干水分，以免手滑。

3　将手插入腰臀肉（上）和牛后臀尖肉（下）的分界线处，剥离其间的筋膜，用力上下连续剥离。

4　用刀的刀尖切开黏在边界上的筋。这里要使用切筋刀。刀尖细而不会切掉多余的肉。

5　可以用手剥离的部分就不用刀剥离，只用刀切开用手剥离不掉的筋。

6　将肉剥离到一定程度后，用双手抬起肉的分界线，肉的下半部分（牛后臀尖肉）因自身重量而下坠，容易上下自然剥离。

7　将肉立起，以便用刀切入边界，用刀切掉深处用手剥离不掉的内侧筋肉。因为"肉会由于自己的重量自行加速剥离"，所以最小限度地使用刀。

8　上侧的牛后臀尖肉（左）完全从腰臀肉（右）上剥离。
※ 与最初的方向相反（右前侧为头侧，左后侧为臀侧）。

牛后臀尖

腰臀肉

头侧

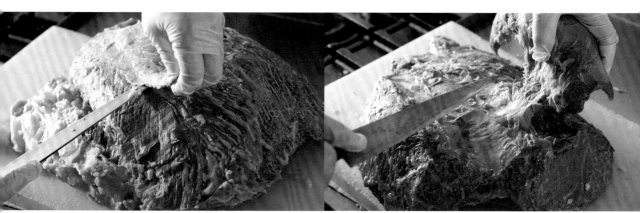

11　翻过来，去除表面的筋。肉筋很硬，不能直接食用，但又是美味的宝库，味道很浓。切碎后做成蔬菜炖肉会更好。

12　把贴在腰臀肉上的名为"领带"的部位切掉。

14　腰臀肉整理完毕的状态。整理时产生的碎肉（碗内）放入葱做成"高汤"，放入乌冬面做成汤面等。

15　开始处理牛后臀尖肉。用手剥开表面的筋膜，用刀削去。

牛后臀尖肉

腰臀肉

9　左上角是牛后臀尖肉，右下角是腰臀肉。即使是同样的后腿肉，牛后臀尖肉和腰臀肉的味道也完全不同。腰臀肉是经常活动的部位，肌纤维有嚼劲，味道浓郁。牛后臀尖肉含有雪花纹理（脂肪），纤维细腻柔软。

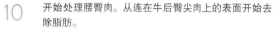

10　开始处理腰臀肉。从连在牛后臀尖肉上的表面开始去除脂肪。

因为形状与领带相似而得名。在烤肉店是很受欢迎的部位，但是在卡内亚（CARNEYA，笔者开设的餐厅）不会特别供应，而是切成小块做成碎牛排或蔬菜炖肉。

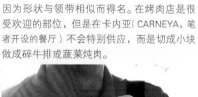

13　切下来的"领带"。比牛颊肉还小的稀有部位，1头牛左右两侧各只有200g。口味浓郁，有甜味和恰到好处的嚼劲。

16　用切筋刀把筋膜和气味强烈且容易氧化的皮肤侧的脂肪全部削掉。下面的脂肪没有腥臭味，所以不需要去除。

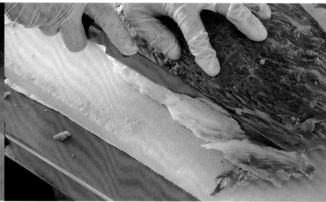

17　去除边缘的脂肪，切下的脂肪放在碗里。

18 处理完毕的牛后臀尖肉表面。

19 留有脂肪的背面。大约是处理前的一半大小。削去的脂肪，剪后再拿去熬汤。

20 把处理完的牛后臀尖肉切成3块。确认肌纤维的纵向方向。

21 沿着纵向的肌纤维切下左侧，左侧和右侧的尺寸比例为1：2。

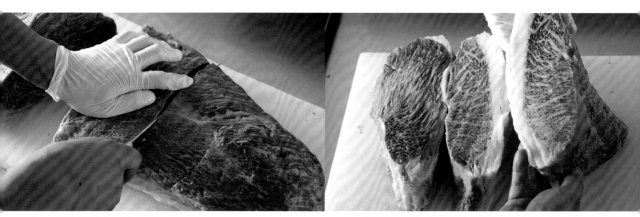

22 把右侧的肉块再切成两半。

23 左侧纤维粗糙，切成薄片或切碎后用于碎牛排。右侧雪花纹理较多。中间这块有适量的雪花纹理，是最佳食用部分，因此最好用于做牛排或烘烤。

1　将刀具、砧板、烹调台等洗净消毒后，再打开生食用肉的包装。开封的肉最迟在两天内用完。

2　用餐巾纸擦拭表面的水分和血。

3　用切筋刀刮去表面的筋。

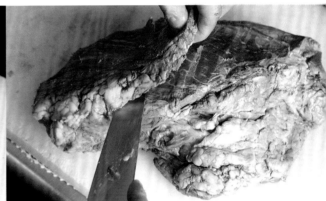

4　生食的肉包装后会放入热水中煮沸杀菌，所以表面比较白。这时应切除表面往内约2cm的厚度，并清除所有变成白色的部分。

5　去掉脂肪和筋膜。

6　完成。与处理前相比，成品约为修整前的一半。修剪切下的碎肉（左）用于熬制高汤（p.198）或做"肉吸汤面"。

油浇盐曲牛后臀尖肉

在含有雪花纹理的牛后臀尖肉上适度地涂上盐曲，隔着肥肉，缓慢加热。为了衬托烤熟后肉的多汁美味，用香草和柑橘类水果简单且美观的搭配，完成制作。

烹饪要点

牛后臀尖肉的肌纤维很硬，血液和水分都储存在肉的内部。以肌纤维的方向进行"纵向"切割，加热时热量就会沿着肌纤维垂直进入肉中，形成牛后臀尖肉特有的弹性口感。涂上盐曲后肉会变得更软，隔着"肥肉垫"间接加热，直到最后都保持水嫩多汁的口感。

食材(2人份)

牛后臀尖肉(去除肥肉)—200g

盐曲(糊状)—50g

混合香草料(粗末状)

  意大利芹、薄荷、龙蒿草、莳萝 — 各5g

配菜(方便做的分量)

煎小胡萝卜

小胡萝卜—1根

胡萝卜泥

胡萝卜—1根(200g)

血橙汁—140mL

法式腌圣女果

圣女果—10颗

大蒜—1瓣

百里香—1根

橄榄油—200mL

酱汁

柠檬香草汁

EVO(托斯卡纳产)—50mL

生香草料(薄荷、茴香、意大利芹)—各10g

磨碎的柠檬皮—1/8个的量

步骤

❶ 切下肥肉，做隔热肥肉片

❷ 肉上涂盐曲，静置30分钟

❸ 平底锅上放上肥肉片，将肉放在肥肉片上，开火

❹ 一边用炉子烤，一边在肉表面浇油(5分钟)

❺ 放入烤箱，这时同样要一边浇油一边烤(230℃，共计20分钟)※

❻ 烤制完成(20分钟后)

❼ 静置10分钟后切肉

※ 用烤箱加热的详细步骤
  5分钟后：第1次浇油
  10分钟后：将肉上下翻过来
  15分钟后：第2次浇油
  20分钟后：烤制完成

烹饪前

烹饪后

1　切开肥肉和瘦肉。

2　肥肉在 3~4 的步骤中使用，为了不在中途切断，要仔细切分。

5　去除肥肉后的瘦肉。肌纤维呈左右方向。

肌纤维的方向

6　切肉，使肉在烘烤过程中肌纤维方向呈纵向（与锅面垂直）（参照 p.25）。

9　全部涂上盐曲的状态。

10　在盐曲表面撒上切成粗末的混合香草料，肉的两面都要撒。

3　做肥肉片。把切好的肥肉片修整成均匀的厚度。

4　调整成5mm左右厚的肥肉薄片。

肌纤维
的方向

7　切成200g左右的肉，雪花纹理适中。

8　把糊状的盐曲用刀涂在肉上。笔者餐厅里使用的冲绳盐曲。

11　包在保鲜膜里，在常温下静置约30分钟。

12　在平底锅里放入肥肉片，放上11的肉后，点燃炉子开火（中火）。

13 加热使脂肪融化后，用勺子将融化的脂肪浇到肉上（浇油），在肉的表面形成脂肪膜。总时间约 5 分钟。反复浇油多少次都可以。

14 连同平底锅一起放入 230℃的烤箱中烤 5 分钟。把计时器设定为每 5 分钟响 1 次的话很方便。

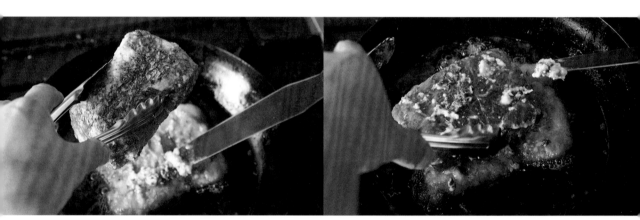

16 再在烤箱里加热 5 分钟，从烤箱里拿出来把肉翻过来。盐曲沾上脂肪而脱落后，要舀取再涂。

17 肉刚翻面的状态。

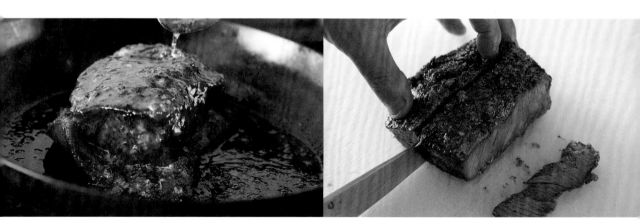

19 在烤箱中共烤 20 分钟。血液在整个肉组织中流动使肉膨胀，肉的厚度（高度）增加的话就是烤好的信号。

20 在热源附近温热的地方静置 10 分钟后切肉。在烤箱中烘烤时，肉在烘烤后需要时间静置（参照 p.27）。

15　5分钟后，从烤箱中取出，再次浇油。不仅在肉的上面浇，在肉的侧面也用汤匙均匀地浇。

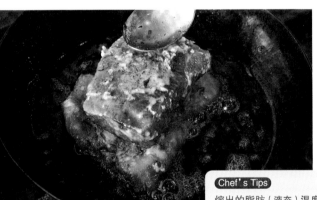

18　翻过来再烤5分钟后，从烤箱里拿出来，再浇油。

Chef's Tips

熔出的脂肪（液态）温度很高。肉直接浸泡在脂肪中的话，热量会传递过多，所以用汤匙舀出来浇在肉上。

21　烤好后的横截面。不仅是中心部位，连边缘处都是玫瑰色的绝妙的半熟状态。

酱汁和配菜的做法

配菜

煎小胡萝卜

将小胡萝卜纵切成两半，将5：2的砂糖和盐在热水中溶解，烫熟小胡萝卜后在烤架上只烤单面，使其散发香味。

胡萝卜泥

将胡萝卜切成薄片，使其易于加热，将其与橙汁一起倒入锅中，盖上锅盖，煮至变软。

用食品搅拌机做成泥状，最后加入少量盐调味。

法式腌圣女果

在橄榄油中加入捣碎的大蒜和百里香，慢慢加热到60℃左右，增加香味。在油里放入圣女果翻炒20分钟左右，轻轻翻炒以免圣女果破碎。

关火后放在温热的地方备用。

酱汁

柠檬香草汁

将切成粗末的香草料和磨碎的柠檬皮浸泡在EVO中。

摆盘装饰

在盘子中淋上酱汁，将烤好的肉的横截面朝上放置，使其呈现出优美的肉的色泽。

肉的前后左右铺上胡萝卜泥，上面放上圣女果。

为了使小胡萝卜具有立体感，斜立起来。

粗切牛排

保留了肉的口感和嚼劲，与汉堡肉饼完全不同的"粗切牛排"。
每嚼一口，肉的味道就会扩散到口中，是一种备受喜欢肉的成年人支持的人气菜品。

🔆 烹饪要点

粗切牛排由两种不同的切法的肉组成，从而打造出富含变化的口感并创造出韵味。粗切肉的重点是"不揉捏"。最后，黄油和砂糖烧焦后的甜香味包裹在肉上，增强肉排的"美味"。

食材（2人份）

牛后臀尖肉（使用纤维较粗的外侧部分）—160g

盐—1.8g（肉的重量的1.1%）

索夫利特酱—20g

黄油—10g

砂糖—20g

※ 索夫利特酱：将洋葱泥、胡萝卜泥、芹菜泥以2：1：1的比例混合，加橄榄油用小火炒1小时直到变成焦糖色。

配菜（方便做的分量）

牛奶煮花椰菜
花椰菜—1棵
牛奶—180mL
戈尔贡佐拉奶酪—30g

蒜蓉酱
大蒜—1瓣
橄榄油—适量

花椰菜泥
花椰菜—15g
帕玛森奶酪—5g
野苦苣、苋菜—少量（有的话）

步骤

❶ 把肉切成两片

❷ 一片切成碎末，另一片切成方块状

❸ 冰镇环境下，在碗里边冷却边拌

❹ 放入蔬菜索夫利特酱混合，搅拌至其柔顺

❺ 用平底锅烤至6成熟左右（3分钟×2面=6分钟）

❻ 将肉转移至金属盘上，放在炭火上烤，直接在木炭上撒上砂糖使木炭燃烧，增添肉的香味

烹饪前

烹饪后

1 从牛后臀尖肉中切出 160 g 纤维粗、脂肪少的外侧部分。

2 切成了 160 g 的肉的状态。

5 把切成细丝的肉切成末。碎肉具有"连接"整体的黏着力，尽量切碎。

6 另一片肉斜向厚切。

9 把两种切好的肉拌在一起。为了避免脂肪溶解（这样会加速两种肉的黏合），所以在一个加冰的碗里放上一个金属碗，肉放在金属碗中，一边冷却一边搅拌。

Chef's Tips
和牛的脂肪熔点特别低，所以用冰冷却的同时，用抹刀而不是手来搅拌。

10 放入肉重量 1.1% 的盐（160 g 肉约 1.8 g 盐），用抹刀混合搅拌 20 ~ 30 次。

3 把肉切成两片。

4 第一片尽量切成细小的肉末。首先纵向切成细丝。

7 把厚切好的肉切成边长约1cm的方块状。

8 左侧是切成边长1cm的方块状部分。右侧是切成细末的部分。两种切法使牛排口感的层次性更好。

11 因为要保留在口中软绵绵的口感，肉不要揉捏，要用抹刀搅拌，直到其自然黏合为止。

12 为了更加入味，加入索夫利特酱，用抹刀搅拌，使其变得柔顺。

13 　用拌刀将肉在碗中整理成一团。为了使肉更加蓬松，不要挤压排空气。

14 　平底锅倒入油，不必抹开，在放入肉后立即用大火烤焦表面。但是，火候不要大到使肉发出"唰！"的响声。

17 　将细砂糖撒在炭火上面使之燃烧。注意不要撒在肉上。

18 　盘子上的肉被火焰包围时，摇晃盘子熄灭火焰。

19 　撒 2 ~ 3 次砂糖再次引火，直到黄油融化，使肉散发出黄油和糖烧焦的香味。

20 　烤好后，侧面有一点弹性。如果焦色不足，可以使用烤盘烤一下。

Chef's Tips

如果没有炭火，只用平底锅做也可以。在平底锅里放入30g黄油，将黄油煎出焦香后，再浇油烤制。

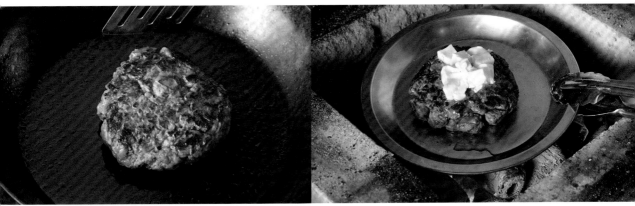

15 把火候调成使肉在锅中发出吱吱声的中小火，烤3分钟。这时整块肉有6成左右熟。将肉煎到容易从平底锅铲下来的程度，翻过来再烤3分钟。

16 移到不锈钢小盘子中，在肉上放上黄油，连同盘子放在炭火上（也可以是炭炉）烤。火候接近强火。

配菜的做法

牛奶煮花椰菜

花椰菜去茎切成一口大小，用牛奶煮，直到牛奶冒泡、花椰菜变软。

关火，用叉子略微捣碎，加入戈尔贡佐拉奶酪混合。

蒜蓉酱

在橄榄油里放入切好的大蒜，油炸至颜色变为淡黄色。

花椰菜泥

将生花椰菜和帕玛森奶酪分别磨碎混合。

摆盘装饰

把肉放在盘子的中央，在肉上面放上花椰菜泥，再在上面放上大蒜片和苦苣叶片。

肉的右侧垂直放置牛奶煮花椰菜，配上苋菜。

在方块状肉没有黏合好的情况下，烤好的肉饼就会松开，这部分可以与花椰菜泥拌在一起食用。

烤生牛肉片

生肉的光滑、黏稠感和烤肉的嚼劲与香味。
口感和味道的对比很有趣，可以品尝到醇厚和饱足感的一道菜。

烹饪要点

腌渍肉时加以搓揉，味道就会渗入纤维中，变成多汁的肉。当它用烙铁烘烤时，肉的烘烤味会增加，并散发出浓郁的味道。

烙铁与燃气灶不同，在料理中不会沾上燃气的味道，在肉烤焦上色时是方便的小工具。

食材（2人份）

生食用的牛后臀尖肉（预处理完毕）—100克

A：调味酱

　橄榄油—30 mL

　大蒜 —1瓣

　柠檬皮—1/8个的量

　意大利芹、薄荷、莳萝、龙蒿草—各3g

　鼠尾草、迷迭香—各1g

配菜（方便做的分量）

菊苣焦糖酱（意大利酸甜酱）

菊苣叶—1片

黄油—30 g

白葡萄酒醋—20 mL

砂糖—20 g

盐—3 g

风味油

EVO—50 mL

生香草（鼠尾草、迷迭香）—各10 g

磨碎的柠檬皮—1/8个的量

牛肉高汤（用小牛骨熬成）—10 mL

扁豆—1根

青葱—5 g

细叶芹—少量

柠檬汁—1/8个的量

盐、红胡椒—各适量

步骤

❶ 把生食用的肉切成片

❷ 制作腌渍肉调味酱(A)，将肉浸泡在酱中搓揉帮助入味

❸ 把肉摆在盘子里，用烙铁烘烤

烹饪前

烹饪后

流程 PROCESS

Chef's Tips
与肌纤维垂直方向切片，
使其产生黏稠感。

1 将生食用（预处理完毕）的肉切成薄片，使肌纤维断裂。为了使口感更佳，切成 2~3mm 的稍厚的薄片。

肌纤维

2 切成片的肉。肉整体有适量的雪花纹理。

3 将大蒜（捣碎）和其他食材（切碎）放入用橄榄油调和的调味酱（A）中，用戴着手套的手揉捏肉，以帮助肉入味。

4 移到盘子中，用炉子或炭火加热的烙铁烤，每隔 5 秒左右烤 1 次，直到烤焦为止。这样添加了烤肉的口感、诱人的香味和浓郁的味道。

5 撒上柠檬汁、红胡椒、盐等调味，撒上切碎的青葱。

配菜的做法

菊苣焦糖酱（意大利酸甜酱）

把食材放入锅中，盖上锅盖蒸煮至变软。最后，把火调到中火，煮到没有汤汁为止，就会增加烧焦的糖香味。

风味油

将油加入牛肉高汤，将切碎的香草和磨碎的柠檬皮与之混合。

扁豆

5：2 的砂糖和盐加入热水，将扁豆煮软至仍残留扁豆的口感为止，然后斜面切开。

摆盘装饰

直接在 5 的盘子上均匀浇上 20g 风味油，放上卷好的菊苣和扁豆。撒上细叶芹。

鞑靼牛排(Carne Cruda)

目标是创造细腻、在口中融化的口感。
在鲜味十足的牛后臀尖肉上加入醋和香草，做成清淡爽滑的生肉料理。

烹饪要点

将肉切成肉末时，为了尽量不压碎肉的纤维，在不用力的条件下切割。 为了使脂肪能在口中入口即化，搅拌肉时不要用冰冷却。

食材(2 人份)

生食用的牛后臀尖肉(预处理完毕)—120 g

A：调味料

　盐—1.2 g(肉的重量的 1%)

　醋浸刺山柑蕾—5 g

　干酪粉—4 g

　柠檬汁—5 mL

　EVO(托斯卡纳产)—30 mL

　黑胡椒—研磨器转 2 次

　鼠尾草、迷迭香—切成末各一小撮

配菜(方便做的分量)

微叶菜苗沙拉

微叶菜苗—20 g

金橘醋—5 mL

EVO—5 mL

虾夷葱—1 把 (大约 20 g)

格拉纳帕达诺干酪—适量

白胡椒粒—少量

步骤

❶ 把生食用的肉切成碎末

❷ 与调味料 (A) 混合

❸ 摆盘装饰

烹饪前

烹饪后

1　把牛后臀尖肉切成碎末。因为牛后臀尖肉的纤维非常细小，所以切碎时尽量不要弄坏纤维。先切片。

2　把切好的肉片切成细丝。

3　尽量切成细末。

4　把肉和调味料 A 混合在一起。因为想要使脂肪在口中入口即化，所以不要用冰冷却，用抹刀在常温下搅拌混合。

5　仔细搅拌，直到它变得顺滑。不要揉捏挤压。

配菜的做法

将微叶菜苗沙拉的食材混合。

虾夷葱切碎，尽量不要压碎其断面，保留中空形状。

格拉纳帕达诺干酪比帕玛森奶酪的甜味和奶昔风味更强，干酪用起司刨刀削得松软蓬松。

摆盘装饰

在盘子的中央，用圆形模具将肉和虾夷葱装盘成圆形，在中间放上捣碎的胡椒粒。

肉的右侧摆放切好的格拉纳帕达诺干酪，左侧摆放微叶菜苗沙拉。

第 **3** 章

熟成牛
（干式熟成牛排）

熟成牛 (DAB)
烹饪的思路和方向性

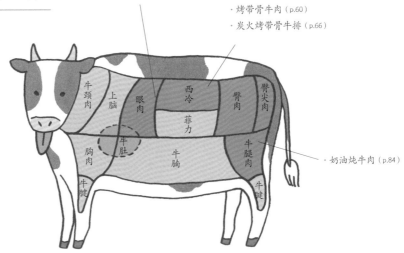

· 厚切牛排（p.72）
· 香草面包粉烧牛排（p.78）
· 烤带骨牛肉（p.60）
· 炭火烤带骨牛排（p.66）
· 奶油炖牛肉（p.84）

牛颈肉　上脑　眼肉　西冷　臀肉　臀尖肉　菲力　牛肚　牛腩　牛腿肉　胸肉　牛腱　牛腱

　　正如和牛一章所述，我希望人们是通过享受"牛肉的香味"来进餐的。如何引出这种肉特有的香味呢？每当料理肉的时候，我都会想到这一点。

　　DAB（=Dry Aged Beef）是将荷斯坦牛等瘦肉多且水分多的牛肉熟成的肉，瘦肉加热时的香味成分以"吡嗪"为主，常被说成是"像奶油一样""像坚果一样"等，是一种甜甜的香味。吡嗪在高温下烤焦（发生美拉德反应）时可以充分释放出来。因此，在烹调DAB时，为了充分释放吡嗪，就需要注意将肉的表面完全烤焦。

　　因为DAB的肥肉也有香味，所以会用肥肉薄片（p.39）包裹瘦肉，或者将加热熔解的脂肪浇到瘦肉上等，肥肉也要想办法使用。另外，整理时产生的碎肉也能在炖煮或熬汤时无浪费地用完。

处理熟成牛肉 (DAB) 时的注意事项

🔑 从骨头上削肉时，肉会开始变质并干硬，因此只需削掉当天使用的量。

🔑 在使用带骨头的肉的情况下，要除去所有可见的霉菌和不必要的脂肪。

🔑 处理时要戴上一次性手套，注意不要直接接触霉菌。不慎触摸时用食品级乙醇消毒。

DATA

· 青森县产的荷斯坦带骨里脊肉（6 kg，熟成 40 天）

预处理前

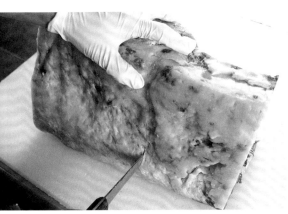

1　从带骨头的里脊上切出10cm厚的肉。从肥肉侧开始，用细刀刃切。

2　把上面的肥肉切掉。

3　从脊梁骨开始将肉与骨头分离。

4　刀尖一直抵在骨头上，沿着曲线剥离骨头和肉。

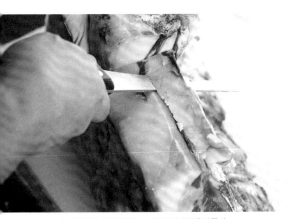

5　切掉骨头上的脂肪，以便更容易看到骨头。

6　在脊梁骨内侧入刀，与先入刀的部分连上后肉就会剥落。

7　脊梁骨上的肉剥离时的状态。

8　去骨的块状肉用于煎或炸牛排。

11　呈现瘦肉稍微带有脂肪的程度就整理完毕。与取骨前相比，整理后的肉块大小为之前的 4～5 成。

12　处理 L 骨或 T 骨牛排用的带骨肉。用刀刃细、刀柄厚的斧型小刀切脊梁骨。如果用蛮力，用整把刀剁开骨头的话，刀刃容易碎，所以要把刀刃的前端一点一点地抵在骨头上切（刀左侧的肉用于烹饪）。

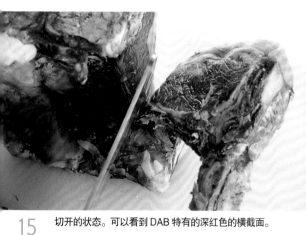

15　切开的状态。可以看到 DAB 特有的深红色的横截面。

16　已经剥离的状态。

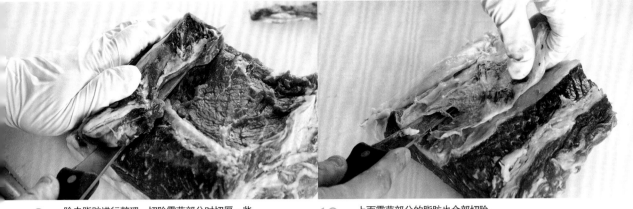

9　除去脂肪进行整理。切除霉菌部分时切厚一些。

10　上面霉菌部分的脂肪也全部切除。

13　先用刀尖在肉的表面切出切割线，大约3根手指的厚度。

14　沿着切割线，用斧型小刀像切骨头一样切断肉与骨头。

17　修剪切下来的肉。除去表面的脂肪和霉菌，为了防止烘烤时肉的收缩，留有5mm左右的肥肉。

18　T骨或L骨牛排处理后的状态。连同骨头重650～700g，可食部分约450g（1磅）。

烤带骨牛肉

用大块肉烘烤的烤牛肉，让人切实感受到肉料理的野性魅力，是别具一格的美味。采用"垫肥肉片"的技术手段，实现细腻的质感和极具诱惑的烤焦的玫瑰色。

🔖 烹饪要点

熟成牛肉比普通牛肉的含水量少，容易煮熟。

用肥肉片包住瘦肉，从低温开始烤，慢慢加热，关火后的余热也算在内，仔细烤制。

熟成肉的表面会经常发霉，所以在处理肉时，要做好卫生方面的措施。

食材（方便制作的分量）

熟成牛的带骨西冷—2 kg

盐（海盐）—14 g

黄油、大蒜—适量

百里香—1 根

配菜（方便做的分量）

煮扁豆

扁豆—100 g

橄榄油—20 mL

索夫利特酱（参照p.43）— 40 g（1 大勺）

保存肉（生火腿、培根、意式培根等）的碎肉—5 g

白葡萄酒—30 g

水—180 mL

盐—2 ~ 3 g

迷迭香—1 根

步骤

❶ 去除肉上发霉的肉和肥肉

❷ 用肥肉制成薄片，覆盖肉的横截面

❸ 用麻线把肥肉片捆住瘦肉，固定好

❹ 用平底锅轻烤（4 ~ 5分钟），熔掉表面的脂肪后，用热对流烤箱烤（40 ~ 50分钟）

❺ 把肉翻过来再烤（直到中心温度达到40℃）

❻ 从烤箱里拿出来，在平底锅里浇油调理

❼ 静置1小时后再切肉

烹饪前

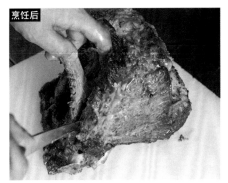

烹饪后

流程 PROCESS

Chef's Tips
没有发霉的肥肉可以用于肉末等，所以要分开。

1　从处理过的熟成肉的带骨头的西冷里脊肉块中切出2kg。

2　去除肥肉和发霉处。处理过程中不要让手直接接触霉菌。不要让接触过霉菌的刀具和砧板接触干净的肉。接触到的部位要用食品级乙醇消毒。

5　为了防止肉在烘烤时收缩，要保留部分脂肪，但前提是要削掉发霉部分。保留的脂肪被削成1cm厚，这样会受热均匀。

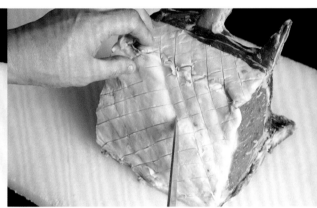

6　为了在烘烤的时候便于脂肪的熔解，用刀在脂肪上斜切成格纹状（切口深度为2～3mm）

9　在肉的横截面上贴上肥肉片。

Chef's Tips
因为肥肉片保护肉的水分，所以可以使肉充分轻柔地加热。

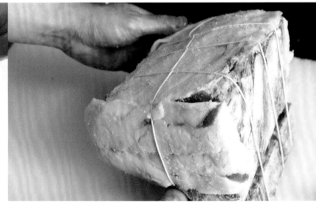

10　为了防止肥肉片剥落，用麻线捆住固定。肉在烤的时候会收缩，肥肉容易浮起来，所以要仔细得绑得稍紧一些。

3   削去肥肉，露出肋骨。

4   肋骨外露的状态。

Chef's Tips

切开并
打开

7   表面撒上足量的盐。盐要多一些，因为盐会和熔解的脂肪
一起流出来。胡椒会遮住肉的味道和香味，所以不需要。

8   把没有发霉的肥肉切成 2 片。在第 1 片肥肉快要切到底时
收刀，再切第 2 片，这样切下来时肥肉片就会变成瘦肉的
横截面的 2 倍。

11   肉和肥肉片紧密固定的状态。麻线在纵横交叉的部分缠
绕，紧紧地绑上。

12   在未放油的平底锅里，将肉的平面朝下放，轻轻烘烤，除
去少许脂肪。4 ~ 5 分钟后，直接连同平底锅放入 144℃
的烤箱中烤 40 ~ 50 分钟。

13 从烤箱里拿出来，用勺子把熔化掉的脂肪从骨头上方浇下。重复5分钟左右，直到肉变白。最开始熔出的脂肪有牛肉特有的味道，所以要把积存的脂肪从平底锅里舀出来淋到肉上。

14 把与平底锅接触的面翻到上面。

Chef's Tips
这次熔解的脂肪与最初的不同，滋味很好，可以大量地浇到肉上。

16 中心温度达到40℃后，从热对流烤箱中取出，将麻线拆掉。把脂肪片放回平底锅里，将肉骨头朝下放置。

17 用勺子舀起在15～16步骤中热对流烤箱中加热熔解的脂肪，收集到碗中，一下子浇到肉的上方。

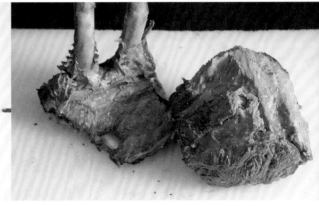

19 浇油烤好的肉在温暖的地方静置1小时后再切。沿着L形骨头的线条切入，用手剥下肉。用刀切掉用手剥不开的筋。

20 切下底部（骨头），将刀尖从直角（L形）处插入时，肉就会剥落，呈现肉与骨头和肉筋分离的状态。肉的内部呈玫瑰色。

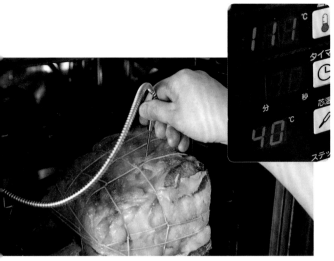

15　将肉连同平底锅一起放入预热的热对流烤箱中，将温度测定器插入肉的中心，将中心温度设定为40℃。烤箱温度设定为111℃。

18　在平底锅里放入黄油、百里香和捣碎的大蒜，取出部分百里香放在肉上，浇油。侧面也充分浇上油使之变焦（因为已经加热，所以有香味）。

21　最后切成3mm左右的厚度备用。

■ 配菜的做法

煮扁豆

在锅里放入橄榄油，放入未泡的（干燥的）扁豆、索夫利特酱和保存肉的碎末，轻轻炒翻炒。

加入水和白葡萄酒，加热至沸腾后除去浮沫（一次）。用铝箔纸或烘焙纸等覆盖，用文火煮近1小时，但不要将食材煮碎。煮软了放入盐调味。

■ 摆盘装饰

为了表现出豪华感和震撼力，直接摆上大尺寸肉块。把带骨头的部分像屏风一样立起来，切片的肉摆放在前面，在后面放置没有切分的肉块。

在肉上放上百里香和迷迭香，在前面放上扁豆。

炭火烤带骨牛排

只用炭火烤制的豪爽的带骨牛排是让肉食爱好者欢呼的一道菜。
散发炭香的肉表面与肉内的黏稠光滑的口感形成鲜明的对比,增加食欲。

烹饪要点

烤肉时无论翻面几次都可以，所以有时一边用手指确认肉的弹性（烤的程度），一边用相等的时间慢慢地翻烤肉的两面。肉表面燃起的火焰可以通过吹气来扑灭，也可以用扇子来扑灭。最好的烤制成品是肉的表面看上去有点焦黑。最后"在炭火上撒砂糖引火"是炭火烤肉的精彩场面！这么做使肉有一种非常诱人的香味，请尝试一下。

食材（2人份）

熟成牛的带骨西冷—700 ~ 800 g（可食部分 450 g）

黄油—30 g

砂糖—1 撮

配菜（方便做的分量）

水芹甜橙沙拉

水芹—1 根

橙子—1/8 个

盐—少量

EVO—5 mL

坚果油—5 mL

岩盐（摆盘用）—适量

步骤

❶ 切肉，在肥肉上划出线条

❷ 用炭火烤熟至八成左右

❸ 集中木炭调至高温

❹ 把肉放回烤网上，放上黄油

❺ 炭火中撒砂糖引火

❻ 不用静置直接切肉

烹饪前

烹饪后

1　把带骨头的西冷切成3根手指的厚度。为了使脂肪容易熔解，侧面的肥肉上切入深度为5mm左右的斜格子状切口。

2　在肉的两面轻轻撒上盐。侧面不撒。

5　骨头被火焰烧焦也没有问题。骨头着火时吹灭即可。

6　烤5分钟的状态。偶尔用夹子把肉立起来，以便除去脂肪。

9　烤了13分钟的状态。达到目标弹性（硬度）。肉的内部充分加热后就会膨胀起来。

10　在进入最后阶段前，先把肉从炭火上取下来，放在温暖的地方静置1～2分钟。

3　把肉放在炭火（大火的附近）上。笔者餐厅里，把烤网放在较低的位置，这样火就会离肉比较近。木炭在远处放得多一些产生强火，而近处放得少一些产生弱火。

4　选择火不会烧到肉的地方，将肉的骨头的边缘放在靠近大火的地方。有一点火焰碰到肉也没关系。肉可以多翻面几次去除脂肪。

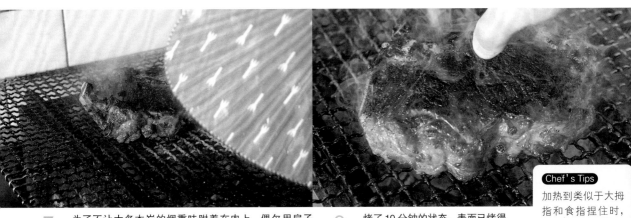

7　为了不让太多木炭的烟熏味附着在肉上，偶尔用扇子扇风。

8　烤了10分钟的状态。表面已烤得焦黄。为了判断烤焦程度，用手指按压肉的中央，确认弹性（硬度）。

Chef's Tips
加热到类似于大拇指和食指捏住时，大拇指根部的触感左右（参照 p.156）。

11　把炭集合在远侧，制造高温的地方。

12　将肉放在网的高温位置（参照 p.26）。

13　把黄油放在肉上。

14　在炭火上撒上砂糖使火引燃。注意不要把砂糖撒在肉上。

17　沿着骨头的边缘入刀。

18　用刀沿着骨头将骨肉分开。

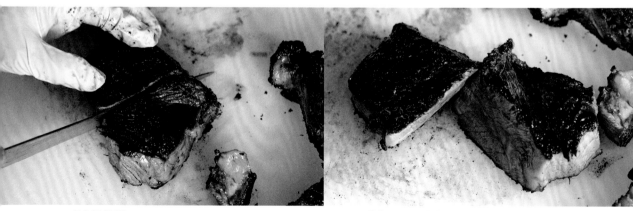

19　把肉切成两半。

20　烤得刚刚好的状态。为了保持烤肉的稳定性，在烧烤时时不时会让肉离火冷却，所以烤好后可以不静置，直接提供给客人（参照 p.27）。

15 再烤2分钟即可，大致烤到肉的表面还残留少许奶油的程度。

16 将肉夹到托盘上。

配菜的做法

水芹甜橙沙拉

为了便于食用，将水芹茎切成3cm左右，放入碗中，与去了薄皮的甜橙肉、盐、EVO、坚果油混合，迅速拌匀。

摆盘装饰

为了能清楚地看到烤肉横截面的红色，将肉的切口朝上放置在盘子的中央。

另外一块肉，靠在中间的肉上，使其焦黄的烤色呈现出来。

在左边放一份水芹甜橙沙拉，在右前方放一层岩盐，将肉包围。

厚切牛排

用平底锅仔细烤制的厚切的熟成牛肉，大家都能满意的"好吃的肉！"基本上是牛排中的王道。
这是一种漂亮的三分熟牛肉，具有熟成牛肉特有的坚果香和脂肪的甜味。

🔦 烹饪要点

即使是容易导热的平底锅，你也可以简单地烤出美味的极品牛排。

肉切成3根手指的厚度，充分煎熟上下各1根手指的厚度，中间的1根手指的厚度用余温加热，会烤得更娇嫩多汁。

将平底锅里积存的油脂及时地除掉是轻松烤好的诀窍。

食材（1人份）

熟成牛的里脊—200 g

黄油—20 g

EVO—10 mL

薄荷—1.8 g

盐（海盐）—2 g

配菜

芜菁—1个

烟熏辣椒粉—1 g

波特酒—50 mL

盐（海盐）—1 g

薄荷—少许

步骤

❶ 把肉切成适合料理的形状

❷ 在侧面的脂肪上切出斜格子状的切口

❸ 用平底锅烤熟正反面（1分钟×2面×3次＝共计6分钟）

❹ 用平底锅将黄油烤焦

❺ 关火后把肉放回平底锅里

❻ 用黄油浇盖调味

烹饪前
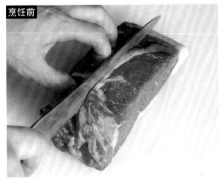

烹饪后

Chef's Tips

充分煎熟上下各 1 根手指的厚度，中间 1 根手指的厚度要间接地用余温加热，所以切成 3 根手指的厚度是最容易加热的厚度。

1　把肉切成 6~7cm 宽、3 根手指厚。

2　去掉肥肉。

5　将肉重量的 0.9% 的盐撒在两面。

6　将切下的脂肪涂压在用中火和小火加热的平底锅上，将脂肪均匀地整个平底锅上熔出。

9　合计正反面每次烤制 1 分钟，各翻面 2 次（1 分钟 ×2 面 ×3 次 = 共计 6 分钟）。图片是第 1 次将正面烤 1 分钟后翻过来的状态。

Chef's Tips

肉翻面几次都没关系。如果不想将两面烤制不均匀的话，将各面的烤制时间定为"每面每次煎 X 分钟"再翻过来，这样两面就会均等地烤熟。

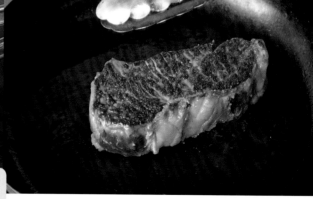

10　背面第 1 次烤制 1 分钟翻过来的状态（正面第 2 次烤制的状态）。

3   切去肥肉整理后的状态。

4   为了使脂肪容易脱落，用刀在肉的侧面脂肪上切成斜格子状，深度为 1～2mm。

7   先烤摆盘时朝上的一面。

8   火候不能强到肉放入平底锅里的瞬间，迸发出"唰！"这样强烈的声音，而是用中火慢烤，顶多发出"滋滋"的响声。

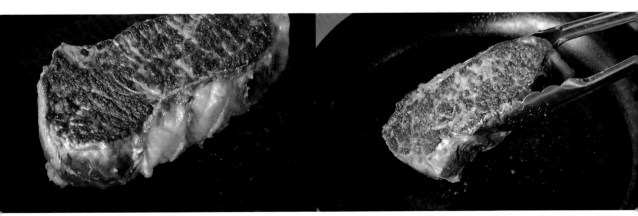

11   从侧面看，正反两面已经烤熟，但是中间部分仍呈红色（生肉）。

12   正面第 2 次烤好后翻过来，背面第 2 次正在烤的状态。表面有了很好的烤焦色。

13　正反面共烤 6 分钟后，用手指触摸侧面。有与大拇指和中指相接触时，大拇指根部的触感那样的弹性（参照 p.156）。

14　肉里熔化出来的油脂如果留在平底锅里，肉的味道就会油腻感重，所以要用餐巾纸勤擦掉。

> **Chef's Tips**
> 黄油的奶香味和熟成牛肉很般配。如果你把肉上的脂肪擦干净，然后用黄油烤制，烤出来的牛排就会变得更美味。

17　把肉从平底锅里拿出来，进入最后的工序。为了调味，在平底锅里放入黄油、薄荷、EVO，开火制作烤黄油。

18　当融化的黄油气泡消失时，关火。

19　把肉放回平底锅里。

20　用勺子浇盖熔化的黄油，以肉的侧面为中心，浇在整块肉上。

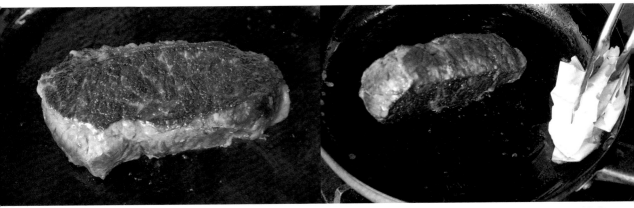

15　几乎是烤好的状态。从侧面看，上下1根手指厚的肉加热变白，中间1根手指厚的肉是红色（生肉）的。

16　用手指触摸，如果有大拇指和中指轻贴在一起时，大拇指根部触感那样的弹性，就可以关火了。将带肥肉的侧面与平底锅接触，静置2分钟（利用余温加热肥肉）。把多余的油脂擦干净。

配菜的做法

剥去芜菁的皮，切成2mm厚的薄片，轻轻用盐揉搓，拧干水分。在小锅里放入波特酒、辣椒粉和盐，煮沸，冷却后放入芜菁进一步腌制。

摆盘装饰

把肉放在餐具的前侧。挤干腌芜菁的汁，在餐盘的内侧以松软立体的方式摆出圆锥形状，撒上薄荷。

※因为把肉质很好的肉做成了简单的牛排，所以不使用酱料，而是搭配了添加波特酒香味的小菜帮助解腻。

香草面包粉烧牛排

猛一看像炸牛排，其实是在肉上撒上香草面包粉，吸满橄榄油煎出来的，并非油炸物。
帕玛森风味的金黄脆皮与浓郁的肉完美搭配。

烹饪要点

非油炸的面包粉牛排，虽然味道轻淡，但却能产生浓厚感，是一种方便的烹饪方法。因为肉不直接接触锅面，所以内部会更加柔软多汁。

在裹上香草面包粉之前，在肉上涂上芥末与帕玛森奶酪，就能给料理增加轻快的层次感。

食材（1人份）

熟成牛的里脊芯肉（肋里脊的中央部分）—（除去肥肉）200g

盐—2g

橄榄油—40mL

芥末—5g

帕玛森奶酪（粉状）—5g

香草面包粉※—30g

※ 其中27g面包粉中混合了3g牛至末。

配菜

特拉维索红生菜—2片

罗马诺干酪—10g

加灯笼椒的意大利香醋—10mL

酱汁

开心果酱—5g

开心果—2g

发酵奶油（酸味浓郁的发酵鲜奶油）—20mL

白葡萄酒醋—3mL

意大利鱼酱—1mL

步骤

❶ 除去肉上的肥肉

❷ 肉的两面撒盐，一面涂芥末酱

❸ 撒上帕玛森奶酪粉

❹ 裹上香草面包粉，涂上橄榄油

❺ 在平底锅里放入肉，在朝上的这面重复②~④的步骤

❻ 用小火烘烤（10分钟），翻面

❼ 连同平底锅一起放入烤箱烤（220℃，4分钟）

烹饪前

烹饪后

1 从里脊芯肉块中切出3根手指的厚度的肉排。

2 将刀切入3根手指厚度（左侧）的部位。

5 修整至只剩瘦肉的状态。

6 将肉移到金属盘上，两面撒上薄薄的盐（肉重量的1%）。侧面不撒盐。

9 再撒上香草面包粉。

Chef's Tips

芥末酱、香草面包粉和帕玛森奶酪的和谐味道使它成为意大利菜特有的味道，与普通的牛排完全不同。

10 在香草面包粉上均匀地撒上橄榄油，使其吸收橄榄油。

3 去除肥肉和肉筋。

4 薄薄的肥肉也用刀仔细切掉。

7 单面薄薄地涂上芥末酱。

8 在芥末酱上薄薄的撒上帕玛森奶酪粉。

11 此时不要开火，有香草面包粉的这一面朝下放入平底锅里。

12 把放入平底锅里的肉用手轻按，使其紧贴在锅面。

13　在另一面也按 7 ～ 10 的流程处理。

14　用小火慢慢烘烤（10 分钟）。加热使帕玛森奶酪熔化，肉和面包粉皮结合在一起。

16　把平底锅摇一摇，等肉块可以移动了，就把它翻过来。

17　翻过来的状态。可以看见面包粉皮已烤为金黄色。

15 烤了 10 分钟左右的状态。

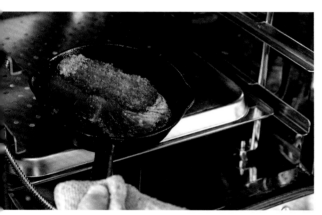

18 连同平底锅一起放入烤箱，在 220℃ 下烤 4 分钟，表面
烤成酥脆的口感。

酱汁和配菜的做法

配菜

特拉维索红生菜放入 5：2 的砂糖和盐的开水，迅
速焯水 10 秒，撒上加灯笼椒的意大利香醋。
将罗马诺干酪切成 1 根大约 5g 的条状。

酱汁

把开心果烤好，捣碎，黄瓜切成碎块。将开心果酱
用发酵奶油、白葡萄酒醋、意大利鱼酱的混合液体
搅拌。

摆盘装饰

把肉放在盘子的中央，把开心果酱铺成圆形，然后
撒上黄瓜和开心果碎。在盘子的后面放上特拉维索
红生菜和罗马诺干酪。浓郁的酱汁和配菜与浓郁的
肉是绝配。

奶油炖牛肉（Fricassea）

托斯卡纳的乡土料理"Fricassea"是一道肉感十足的奶油炖菜。
奶油酱口感轻盈，可以直接品尝到肉的美味。
以八角和柠檬提味，是春天和夏天都想吃的一道非常时尚的炖肉。

💡 烹饪要点

我认为"奶油炖肉和咖喱这类料理，最重要的就是酱汁的美味程度"。目标是最大限度地将肉的精华和美味融入酱汁中。

因此，肉的表面不能烤硬，而是直接把生肉放进水里煮。酱汁不是用面粉，而是用蛋黄增稠，这样可以做出轻盈的口感。

因为想充分利用昂贵的熟成牛肉，所以像这道菜一样炖煮或做成蔬菜肉汤，能够将整块肉都用完而不浪费。

食材（5人份）

熟成牛肉（牛腰肉的碎片或大腿肉整理时的碎肉）—600 g

大蒜—1 瓣

八角—1 个

索夫利特酱（参照 p.43）—50 g

水—3L

鲜奶油—200 mL

蛋黄—2 个（中大型鸡蛋）

盐—5 ~ 7 g

以水溶开的玉米淀粉—适量

柠檬片—1 片

步骤

❶ 切肉，揉搓加盐入味

❷ 水里放入肉、大蒜、八角煮（2 小时）

❸ 加入索夫利特酱煮（30 分钟）

❹ 加入 80% 左右的鲜奶油继续煮

❺ 将剩下的鲜奶油中加入蛋黄搅拌后倒入锅中使其黏稠

❻ （如果黏稠度不够）用溶于水的玉米淀粉调整

烹饪前

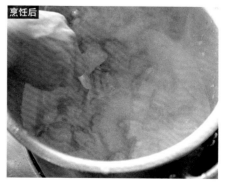
烹饪后

1　把碎肉切成便于一口食用的大小。

2　用肉重量 1% 的盐揉搓肉。

5　煮 2 小时后，水蒸发到一半的状态。

6　加入索夫利特酱再煮 30 分钟。熟成肉的汤汁与蔬菜高汤的美味重叠在一起。

9　用小火加热至沸腾。通过加热使鸡蛋凝固，变得像培根鸡蛋意大利面一样黏稠。

10　当水分多而黏稠度不足时，加适量水溶玉米淀粉加热，调整浓度。

Chef's Tips
我不会在煮肉之前把肉的表面烤硬。而是在煮的过程中，把肉的美味全部煮入汤汁中。

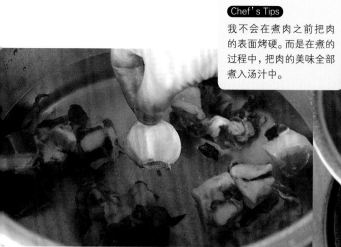

3 在锅里倒入水，放入肉、大蒜（不用捣碎，保持完整）和八角，大火加热。

4 煮开后只除去一次浮沫，用小火煮2小时（直到水变成一半）。

Chef's Tips
煮的时候不要盖锅盖。因为肉会闷得无法散发腥味。

7 从200 mL鲜奶油中取出80%左右（约160 mL）倒入锅中继续煮。

8 在剩下的鲜奶油中加入两个蛋黄，充分搅拌。倒入。

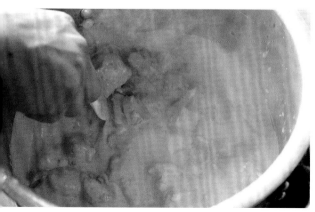

11 搅拌后完成。

摆盘装饰
把炖肉盛在一个有深度的碗里，刻意使中央部分更高，然后在上面放上切成圆片的柠檬。

第 4 章 羊

羊（羔羊）
烹饪的思路和方向性

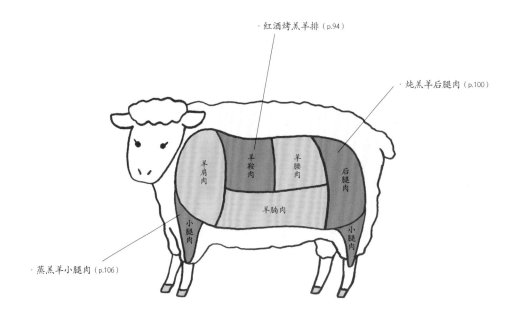

· 红酒烤羔羊排（p.94）

· 炖羔羊后腿肉（p.100）

羊鞍肉

羊腰肉

羊肩肉

后腿肉

羊腩肉

小腿肉

小腿肉

· 蒸羔羊小腿肉（p.106）

在日本日常吃羊肉的人似乎还不是多数派，但在意大利人们却经常吃羊肉。

羔羊的后腿肉味道清淡奶香，比牛肉和猪肉水分多，柔软。为了充分发挥其软嫩多汁和富有弹性的特点，请从低温开始慢慢加热。

而且，小腿肉富含胶原蛋白等胶质，充分烤好后香而美味。另外，小腿肉加热后会变得黏稠，所以煮的时候最好多放些汤汁。

为了最大限度地发挥肉的魅力，我们希望考虑到肉的各方面特性，并采取最佳的烹饪方法。

处理羊肉时的注意事项

❓ 羊肉比牛肉和猪肉水分多，会很快腐烂，所以开封后要尽早料理。

DATA

· 羔羊的腿肉和背肉：产自法国锡斯特龙（日龄70～150天，13～19kg）。

· 羔羊小腿肉：产自新西兰（日龄120～150天，16～18kg）。

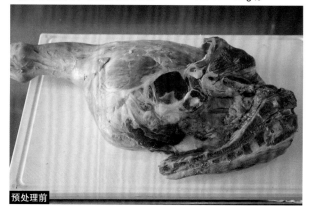

预处理前

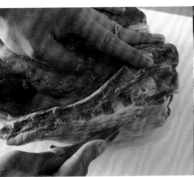

1　从肉上取下骨盆侧的骨头。沿着骨头入刀（剔骨刀）。

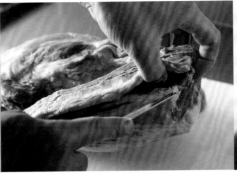

2　将手指插入切断的部分，一边确认骨头的位置一边进行切割。

3　沿着骨头的起伏，调整刀尖的角度，以削肉的方式切开。

4　把切好的部分撕开，用手指伸进去摸里面的骨头。

5　插入手指，确认后腿肉根部（髋关节）的骨头位置。

6　里面可以看到的是髋关节的球状骨。

7　把刀刃沿骨头插入，使髋关节脱落。

8　用刀切开肉后正在拆开髋关节的状态。

9　切掉骨头上的筋和皮。

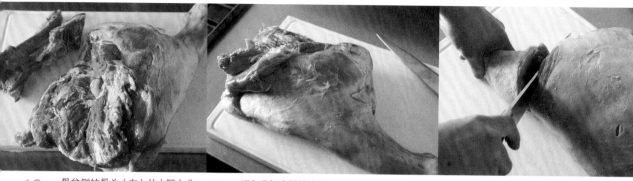

10 　骨盆侧的骨头（左）从大腿上分离的状态。骨头可以用来熬汤。

11 　进入分切大腿的流程。

12 　抓住羊腿前端并摇晃，确认摆动的膝关节的位置后入刀。

16 　刀尖沿骨头行进。

17 　把刀尖绕到骨头的下侧，转动刀刃来挖骨头。

18 　用刀刃挖掉骨头时的状态。

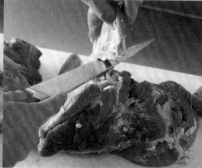

22 　从后腿肉中除去腿骨和关节软骨。

23 　从去除腿骨的凹槽处将后腿肉切成两半。

24 　切去多余的脂肪和皮。

13　切断关节中间的软骨。软骨柔软酥脆，容易切开。

14　分成后腿肉和小腿肉（左上）。小腿肉从脚踝（细的部分）开始切去尖端，用于蒸烤料理（p.106）等。

15　去除后腿肉里的骨头。沿着骨头切入。

19　切除骨头上的筋。

20　一边拉骨头，一边用刀切掉周围的筋腱。

21　切下膝盖软骨。

25　把分成两块的后腿肉，皮在外侧做成卷状就完成了。用于炖煮料理（p.100）等。

红酒烤羔羊排

烤成漂亮的玫瑰色、奶香味的羔羊排。
为了让人们品尝到入口后含有丰富浓郁的腌汁并且软嫩多汁的肉，
将其切成较厚的肉块提供给客人。

烹饪要点

为了凸显羔羊肉特有的风味，加入了腌制汁，同时也增加了肉的水分。一般来说，水分多的肉不适合高温快速烤熟，而是一点一点地加热，这样肉汁就会被锁住，烤得软嫩多汁。当加热后，肉开始膨胀时，把它从火中移除静置。在这里，分3次烤，每次烤3～7分钟，每次烘烤间隙都要静置3分钟。

食材（1人份）

羊排肉—300g

红酒—500mL

意大利鱼酱—100mL

橄榄油—10mL

配菜（方便做的分量）

西葫芦青柠汁

西葫芦—1/8根

青柠汁—1/8个的量

薄荷叶—少许

盐—少许

芒果—1/10个

小胡萝卜—1根

洋姜—1个

油炸油、盐—各适量

红菊苣叶—1片

油醋调和汁（醋和EVO油以1∶3混合，用盐、胡椒
　　调味）—1大勺

砂糖—少许

盐（岩盐）—少许

步骤

❶ 把羊排上多余的肉取下来清理干净

❷ 用腌制汁腌制（半天～1天）

❸ 用炭火烤（分3次烤，中途静置）

烹饪前

烹饪后

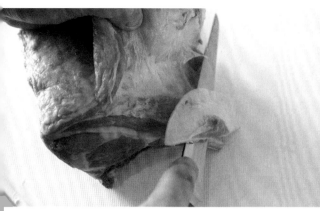

1　清理羊排肉。取下肥肉表面的薄皮（膜），翻开肩肉，切掉内侧的半月状软骨。

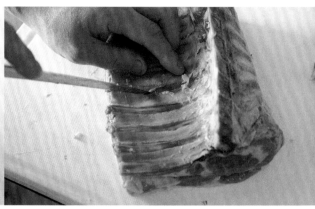

2　刮去附着在肋骨上的肉和膜后，将刀的刀刃沿肋骨纵向切入，以便于去除肋骨外侧的肉。

5　把脊骨取下来。沿着脊骨入刀，用切肉刀等将其斩断。

6　脊骨切下的状态。较硬的筋和脂肪也切掉。

9　把腌制后变成葡萄酒色的肉拿来，用餐巾纸吸水。在两面涂上橄榄油，这样处理在烘烤过程中水分不易流失，也不易粘在网上。

10　用炭火烤。用远处的强火，先烤肥肉侧。烤3~7分钟后翻过来。

Chef's Tips
肉泡在葡萄酒中使水分增加，即使想快速烤也烤不出美味。每烤3~7分钟，就要离火静置一次，分3次烤。

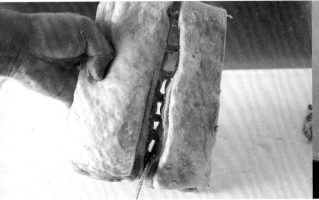

3　从肋骨根部取下外侧部分。首先，从肥肉侧开始，横穿肋骨的根部。

4　接下来，从根部沿着肋骨纵向插入刀尖，从肋骨根部向外侧移动刀刃，取出外侧的肉。用刀尖剥离肋骨上的筋膜。

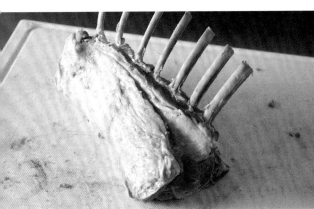

7　羊排肉清理完成的状态。羊排肉最好在烹饪当天清理，因为它在清理后会很快变质。

8　将羊排肉放入红酒和意大利鱼酱混合在一起的腌汁中，放入冰箱中腌制半天到1天。在葡萄酒中加入意大利鱼酱，可以增加腌制汁的美味和醇厚感。

11　肉翻面几次都可以。肉薄的部分容易烤熟，要看情况，偶尔要换到离炭火远的地方。

Chef's Tips
木炭的配置方式是从左侧向右侧增加炭量（参照p.26）。通过改变放肉的位置控制火候。

12　把肉翻过来，把另一面烤1次，烤的时间与第一面相同（3～7分钟）。

13 加热后，肉组织中的血液就会循环膨胀。当肉开始膨胀时，暂时从火上取下。

14 在炭火附近温暖的地方将肉静置3分钟左右。

16 翻过来，另一边也烤7分钟左右。

17 肉膨胀起来后，可以看出比之前厚了。再从火上取下，将肉静置3分钟左右。

19 把肉放回烤网上，进行最后的第3次加热。使肉重新加热1～2分钟。

20 翻过来，另一边也烤1～2分钟就烤好了。肉的厚度进一步增加。

15　第2次用炭火烤。在这里烤7分钟左右。

配菜的做法

西葫芦纵向切成薄片，用青柠汁、盐和薄荷叶腌制。

用平底锅烤芒果，不用涂油，将芒果本身的糖分糖化，直到它有一种芳香香味和颜色。

小胡萝卜在热水中煮沸，热水中加入5：2的砂糖和盐，然后烤制。

将洋姜切成2cm厚的薄片，在130℃的油中油炸至漂浮，撒上少许盐。

红菊苣叶用油醋调和汁拌匀。

摆盘装饰

把肉和配菜摆成圆圈。

在盘子的右上侧，把带骨头的肉立起来，使其能看到脂肪的烤色，再放上一块，使其能看到肉的横截面。

红菊苣叶放在左上和左下，西葫芦片放在中间卷成螺旋状。

在红菊苣叶的顶端放上小胡萝卜和芒果，在周围撒上木洋姜。

在右下角摆放西西里产的岩盐。

18　在肉的中心插上铁签2～3秒，确认温度。铁签变热的话是肉内部充分加热的证据。将肉静置，下一轮再加强表面处理即可。

21　烤好的肉虽然内部呈玫瑰色，但是即使不静置直接切，肉汁也几乎不会出来。切成4cm厚，趁热提供给客人。

炖羔羊后腿肉

肉质软嫩多汁，炖出来的酱汁非常浓厚。
与醇厚的红酒相配，是一种嫩滑而丰盛的炖菜。

烹饪要点

把骨头放在烤箱里烤焦，然后和肉一起煮，就会有浓郁的"羊骨高汤"。在炖菜中，把火关了再留出时间静置也是美味的秘诀。炖3小时后放置一夜，羊肉就会变得软嫩多汁。

食材（6人份）

羊肉（锡斯特龙产）的后腿肉—1200g

盐—12g　　米油—适量

索夫利特酱

　洋葱、芹菜、大蒜—各120g

　橄榄油—50mL

白葡萄酒—20mL

大蒜—1瓣　　西红柿—1/2个

月桂叶—2片　迷迭香—2枝

配菜（方便做的分量）

醋煮紫卷心菜

紫卷心菜—约150g

黄油—20g

米油—20mL

红葡萄酒醋—15mL

砂糖—3g　　盐—2g

酱汁

鸡油菌—40g

黄油—5g　　雪利酒醋—10mL

盐、白胡椒—各适量

EVO（普利亚产）—10mL

步骤

❶ 用麻线捆绑肉块，撒盐

❷ 用烤箱烤骨头

❸ 把肉稍微煎一下上色

❹ 把肉和骨头一起煮（3小时）

❺ 把肉连同汤汁静置一夜

❻ 把汤汁进一步煮成酱汁，再放入肉加热

烹饪前

烹饪后

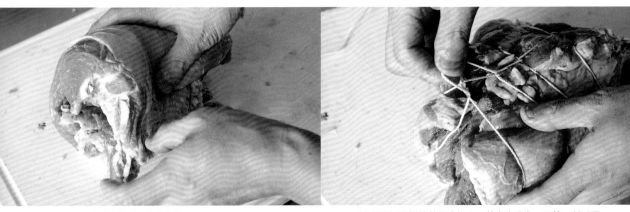

1 把羊腿肉的皮朝外，包住肉往里卷。

2 用麻线把卷好的羊腿肉捆上。羊肉水分多，又软，所以要绑得很紧。

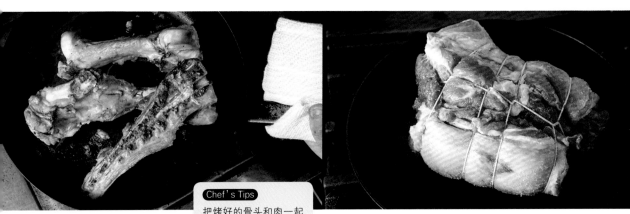

5 将羊腿肉预先处理、整理时去掉的骨头在烤箱中充分烤制出香味和焦色。

Chef's Tips
把烤好的骨头和肉一起煮的话，就会有只用肉做不出来的美味汤汁。

6 在涂有米油的平底锅里，把肉从皮侧放入，将肉表面烤成烤焦色。

9 用深锅做索夫利特酱（笔者的餐厅里通常会预先准备好）。

10 在做好索夫利特酱的锅里，放入 5 烤好的骨头和羊腿肉。

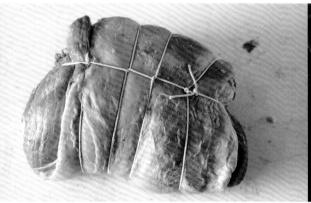

3　捆绑完的状态。

4　用肉重量的 1% 的盐轻轻撒在整块肉上。横截面也撒上盐。

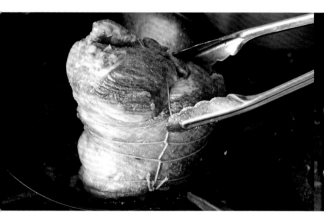

7　横截面也要烤焦。

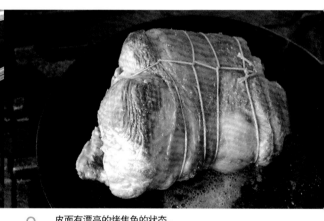

8　皮面有漂亮的烤焦色的状态。

11　将白葡萄酒和水按 1：3 的比例倒入，直到盖过肉和骨头。

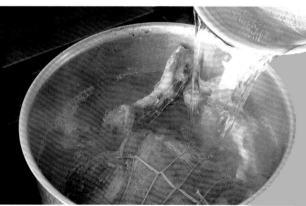

12　加入足量的白葡萄酒和水，用中大火煮。

13　加入横向切成两半的大蒜、西红柿、月桂叶和迷迭香。

14　沸腾后只去一次浮沫，调小火煮。

16　把肉从锅里取出来。

17　将汤汁移入过滤网中，将肉放入过滤了的汤汁中放置一夜。

19　把汤汁用细眼的滤网过滤，用小锅进一步熬煮。

20　煮至汤汁的量减半，煮沸至黏稠，制成酱汁的底料。

15 煮 3 小时，把锅从火上取下来。

18 把汤汁和肉共同放置一晚，肉汤就会渗入肉里，变得更好吃。

21 将肉上的麻线去掉，切成 2 cm 厚（每片约 130 g）的薄片。

酱汁和配菜的做法

配菜

将紫卷心菜切成 5 cm 长、2 cm 宽的长方形。在锅里放入黄油、米油、紫卷心菜、砂糖、盐，盖上锅盖，用极小的火煮 15 分钟，直到变软为止，这个步骤仅靠紫卷心菜本身的水分煮。为了不烧焦，时不时取下锅盖搅拌一下。

15 分钟后，取下锅盖，放入红葡萄酒醋，中火蒸发水分。

酱汁

在小锅里放入 1 片肉（130 g）和 180 mL 羊腿肉酱汁，加热，肉热后取出。

将切成两半的鸡油菌放入锅中，煮沸至汤的水分减到一半。

加入雪利酒醋和黄油，用盐和胡椒调味。

摆盘装饰

深盘子里铺上紫卷心菜，中间放上羊腿肉。

撒上酱汁，在肉上面放鸡油菌。

把新鲜苦味的普利亚产的 EVO 浇淋到整块肉上，提供给顾客。

蒸羔羊小腿肉（Stinco）

用芳香的白葡萄酒的水分蒸带骨头的小腿肉。
既能品尝到令人放松的清淡味道，又能充分享受到熟嫩的小腿肉特有的美味。

烹饪要点

富含胶原蛋白和胶质的小腿肉，在用烤箱蒸之前，要先烤得很香，这样才不会变单调，会变得很好吃。

盐和胡椒要充分使用，白葡萄酒也要充分使用，使肉的味道简单而有深度。

食材（6人份）

羊的带骨小腿肉—300 g×6根

米油—30 mL

芹菜—2根

洋葱—2个

胡萝卜—1/3根

鼠尾草、迷迭香—各5 g

大蒜—3瓣

白葡萄酒—540 mL

盐（海盐）—15 g

黑胡椒—适量

EVO—10 mL

配菜（方便做的分量）

洋姜—150 g

迷迭香—1枝

米油—少许

步骤

❶ 往肉上撒盐和胡椒

❷ 用米油煎

❸ 在锅里放上蔬菜和香草，然后放上肉

❹ 放入白葡萄酒

❺ 用烤箱蒸（170℃共计1.5小时）

❻ 30～40分钟后把肉翻过来

❼ 再用烤箱继续蒸50～60分钟

烹饪前

烹饪后

1 把盐（肉可食部的重量的 1%）充分地撒在整个小腿肉上。

2 把黑胡椒也充分撒上。

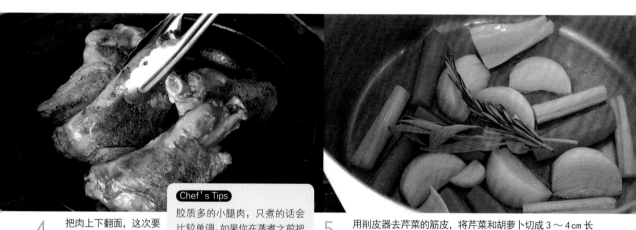

4 把肉上下翻面，这次要煎 5 分钟。

Chef's Tips
胶质多的小腿肉，只煮的话会比较单调。如果你在蒸煮之前把它烤得很香，就会变得更好吃。

5 用削皮器去芹菜的筋皮，将芹菜和胡萝卜切成 3 ～ 4 cm 长的条状，洋葱切成薄片。在深锅里放入蔬菜、EVO、鼠尾草、迷迭香、大蒜。

7 将白葡萄酒充分浇淋到锅中 1 cm 左右深度。

8 盖上锅盖，在 170℃ 的烤箱中焖烤 1.5 小时。30 ～ 40 分钟后，将肉从烤箱中取出 1 次，翻过来。如果水分减少，加水至比肉高 1 cm 的深度。

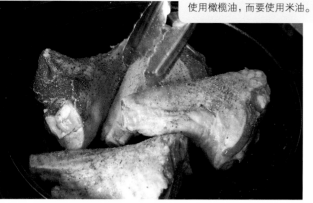

Chef's Tips

米油不易使肉烤焦,也不会产
生过重香气,是万能的油。如
果不想油味影响料理,就不要
使用橄榄油,而要使用米油。

| 配菜的做法 |

洋姜不去皮,将5:2的糖和盐倒入热水中,一起
煮至7成熟左右。

将洋姜纵向切成两半,在平底锅里放入米油煎烤。

打造表面脆、里面松软的口感。

| 摆盘装饰 |

在有深度的器皿上,立体地放置小腿肉和洋姜。

将迷迭香放在肉上,浇上汤汁。

3　在平底锅里放入米油,把肉煎至呈焦色。每一面煎7分钟。

6　在5上面放上撒了盐和胡椒的小腿肉。

9　放回烤箱再蒸50～60分钟。肉软到可以直接从骨头上
　　剥离的程度就可以了。煮软的蔬菜可以放在其他料理里
　　做配菜。

第 **5** 章

猪

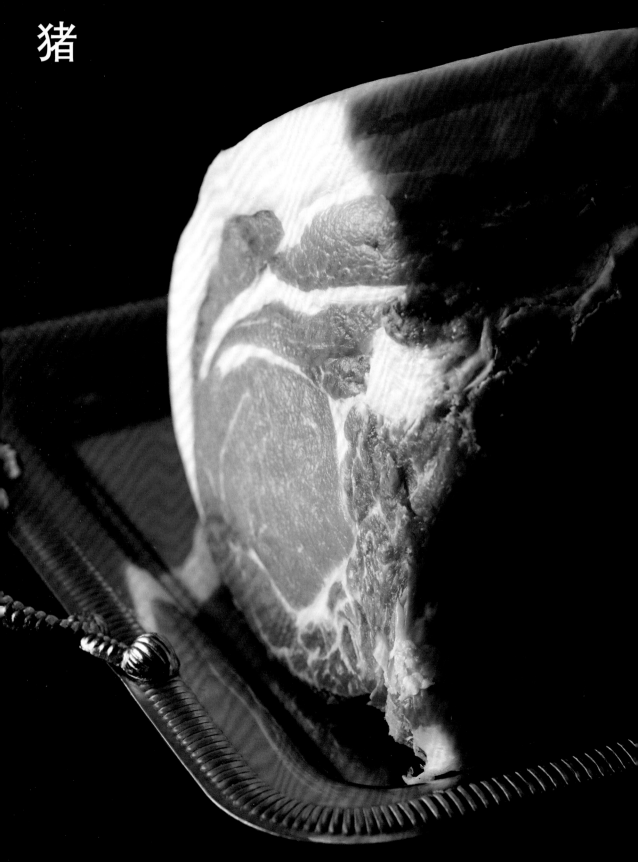

猪
烹饪的思路和方向性

· 烤猪里脊（p.112）
· 柠檬炸带骨猪排（p.120）

· 藏红花煮猪肩里脊（p.126）
· 莳萝烤猪肩里脊（p.132）

里脊肉

梅花肉

肋排肉

后腿肉

前腿肉

五花肉

猪肉是比牛肉等水分多的肉。用大火短时间加热的话，乍一看好像烤得很好，但切开后肉汁一下子就流出来了。

为了蒸发水分，同时凝结猪肉特有的淡淡的美味，充分缓慢地加热才是正确的。

最初从低温开始加热，在水分流失后，撒上盐和香草等调味料持续加热，最后增大火力加热后，将肉汁封闭在内，可以烤出松软的口感。通过低温加热，可以充分引出猪肉特有的甘甜和香味。

选择好的猪肉也很重要。笔者经营的CARNEYA餐厅，会使用岩手县的岩中猪和白金猪、鹿儿岛的黑猪、冲绳的黑毛猪等，但总体来说，日本北部的猪肉水分多且柔软，南部的猪肉肉质结实。所以请根据不同猪肉的不同特性，调整火候。

处理猪肉时的注意事项

🔖 猪肉直接采购"一整条带骨头的里脊"，一次使用其一侧（半身）。无需预先处理。

🔖 如果去掉带骨头的里脊肉的骨头，肉就容易变质，所以尽量保持带骨头的状态用保鲜膜包好储存，只把使用的部分从骨头上切掉。

DATA

· 北关东产的 MOCH1 猪带骨里脊（4kg）
※ 不需要预先处理。

烤猪里脊

意大利语中表示"最高级"的 Arista 也用于这道料理，它需要花费半天以上的时间，是佛罗伦萨的美味佳肴。
把香草的浓郁香味渗透到猪肉中，做成清爽的味道。
总觉得像"猪肉生姜烧"，是万人所喜爱的吃不厌的美味。

🔍 烹饪要点

只要涂在肉内侧的香草酱中含有盐即可，肉外侧不需要盐和调味料。盐和香草的香味从内侧慢慢渗入肉中。
为了使加热的程度一致，重点是将肥肉调整成均等的厚度。通过慢慢加热烤制，在最大限度地凝聚清爽猪肉的美味的同时，将其烤得娇嫩多汁。

食材(4 ~ 5人份)

带骨头的猪里脊—1200 g

白葡萄酒(调味用)—适量

香草酱

　　生迷迭香、生鼠尾草—各10 g

　　大蒜泥—1 勺(10 g)

　　粒盐—10 g(肉重量的8% ~ 9%)

　　白胡椒—适量

配菜(方便做的分量)

红洋葱做的甜醋酱(意大利酸甜酱)

红洋葱—1 个

白葡萄酒醋—30 mL

八角—1 个

砂糖—10 g

盐—3 g

白扁豆西红柿炖泥

白扁豆—(煮200 g，取90 g使用)

大蒜泥—1 勺

橄榄油—10 mL

番茄酱—90 mL

鼠尾草—3 ~ 4 片叶子

煮白扁豆的水—20 ~ 30 mL

意大利芹、食用花、黑胡椒粒—各适量

步骤

❶ 在肥肉和瘦肉之间入刀切开

❷ 在瘦肉和肥肉之间涂上香草酱，然后用麻线捆绑上

❸ 放在冰箱里静置半天至1 天

❹ 将肥肉面朝着平底锅底煎烤去除多余的脂肪

❺ 用烤箱烤(170 ℃共计70分钟)

❻ 使肉静置(1小时以上)

❼ 把麻线拆下来切开

烹饪前

烹饪后

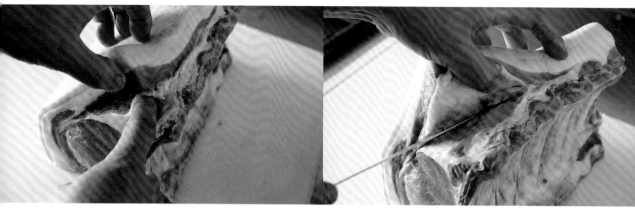

1　在这道料理中，需要把一层白色的肥肉切开，中间夹入切碎的香草，然后料理。首先，在肥肉层之间插入食指，确认比较好切开的地方。

2　把刀刃放在容易剥离的脂肪层和瘦肉之间，切开。为了不伤到瘦肉的部分，要小心进行。

5　脂肪层被切开的状态。形状像打开的书。

6　为了使香草的香味和盐浸入肉中，在张开的瘦肉的一面（厚的一面）全部用叉子扎小洞。

9　把白胡椒和粒盐混合放入8中，用菜刀切碎混合。

Chef's Tips
诀窍是将盐先用平底锅炒1分钟左右，彻底除去水分后再加入。除去多少水分它就会吸收多少香草的香味。

10　将6中肥肉的一面（未扎洞的面）朝下，在上面充分均匀地放入9中的香草酱。

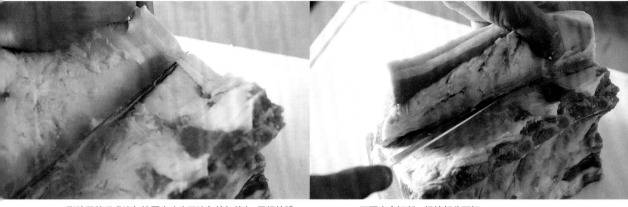

3　脂肪层整理成均匀的厚度（为了均匀的加热）。层间的膜，用刀尖切开。

4　不要完全切断，根的部分不切。

7　准备夹在肉里的香草酱。迷迭香和鼠尾草混合在一起，会产生与生姜相似的清爽轻盈的风味，与猪肉很配。

8　香草去茎，剥下叶片切成细碎的香草末。

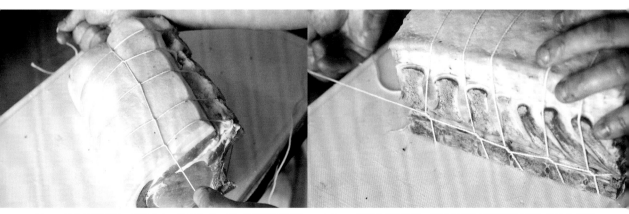

11　放入香草酱后，把肉合上，像合上书一样，用麻线紧紧捆住固定。

12　肉的外侧不撒盐，因为从内侧的香草酱中渗入的盐分会带来良好的咸味。

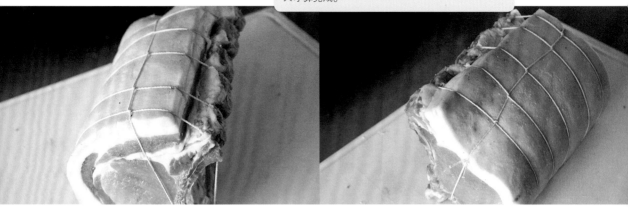

13　麻线捆绑的状态。如果在骨头之间放置一根麻线,它就可以被绑得很紧。

14　另一侧。用保鲜膜包好,放在冰箱里,静置半天到 1 天。

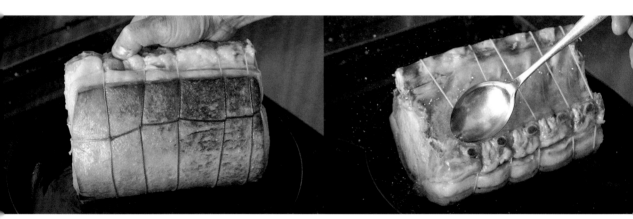

17　肥肉烤得焦黄的状态。

18　骨头边缘的脂肪有腥味,所以用浇油(用勺子把加热熔化的高温油脂浇在肉上)的方式除去。骨头的边缘不易加热,需要勤浇油。

21　在 170℃的烤箱中烤 30 分钟。每隔 5 分钟从烤箱里拿出来一次,一边浇油一边观察整体情况。

22　30 分钟后,从烤箱里拿出来。向整块肉浇油防止肉干燥。

15　烘烤前3小时，把肉从冰箱里拿出来。平底锅加热，脂肪朝下，放入肉，烤焦上色。

16　为了使外侧脂肪的曲面与平底锅接触，一边用手按住一边烤，才能煎出均匀焦色。

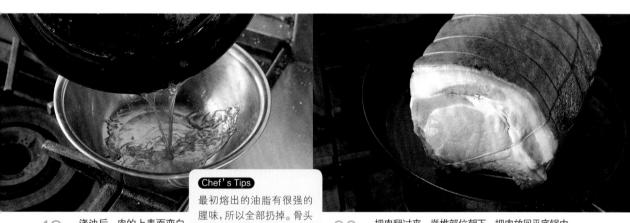

Chef's Tips

最初熔出的油脂有很强的腥味，所以全部扔掉。骨头周围的脂肪特别臭，所以放入烤箱之前要先把它用浇油的方法处理掉！

19　浇油后，肉的上表面变白后，将平底锅里积存的油脂倒在碗里扔掉。

20　把肉翻过来，脊椎部位朝下，把肉放回平底锅中。

23　第2次熔在平底锅里的油脂，与最初积存扔掉的油脂不同，风味很好，所以充分浇在肉上。再烤30分钟。

24　总共烤60分钟后，将熔解的油脂倒在碗里。

25　调味。整体撒上有香味的白葡萄酒（适量）。

26　放回烤箱烤 10 分钟。

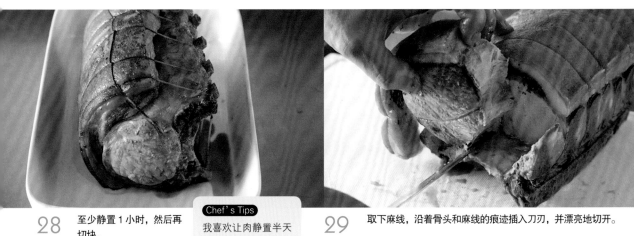

28　至少静置 1 小时，然后再切块。

Chef's Tips
我喜欢让肉静置半天到 1 天。提升娇嫩多汁的口感！

29　取下麻线，沿着骨头和麻线的痕迹插入刀刃，并漂亮地切开。

27　烤好的状态。转移到容器中，用平底锅里积存的油脂
浇上。

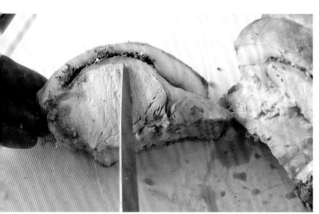

30　切开的横截面。外边的肥肉焦黄脆，里边的瘦肉酥
软，烤成漂亮的樱花色。

配菜的做法

红洋葱做的甜醋酱（意大利酸甜酱）

红洋葱全部剥成瓣，切成 2 cm 宽。在小锅里放入白
葡萄酒醋、八角、砂糖和盐，放入红洋葱，盖上锅
盖，蒸煮。

红洋葱熟了后，取下锅盖，水分收干后，关火冷却。

白扁豆西红柿炖泥

托斯卡纳的经典豆料理。将浸泡 1 天的白扁豆与大
蒜、橄榄油放入 1L 水中，在锅中煮软（避免产生浮
渣，所以使其不沸腾清煮）。

当豆子变软时，将 90 g 煮熟的豆子、少量的番茄酱
和鼠尾草叶放入平底锅中轻炒。

晾凉后，与煮豆子的水一起放在食品搅拌机中，做
成柔滑的泥糊。

摆盘装饰

将白扁豆西红柿炖泥放在盘子上，在右上角呈一条
线的形状放置，将肉放在泥糊的起点附近，使视线
指向肉的方向。

将有烤焦色的肥肉面放在前面，这样可以凸显其烤
焦色。

意大利芹、食用花、红洋葱做的甜醋酱平衡搭配，
配以捣碎的黑胡椒粒，提供给客人。

柠檬炸带骨猪排

用清淡口感的金黄脆皮，把娇嫩多汁的猪肉的美味和甜味封闭起来。
和白葡萄酒很配，是时尚的"炸猪排"。

烹饪要点

先用低温油炸，然后用高温平底锅煎烤，分两次进行加热，使猪肉的水分和美味凝结在一起，增强猪肉的甘甜。在包裹金黄脆皮之前涂上浓郁的帕玛森奶酪，也是使美味的猪肉变得更美味的技巧。

食材（1人份）

带骨头的猪肩里脊—250g

盐—2g

帕玛森奶酪（磨碎）—10～15g

鸡蛋清—1个的量（中大型鸡蛋）

面包粉—适量

橄榄油—700mL

猪油—1400g

米油—30mL

黄油—30g

鼠尾草—1枝

柠檬—1/8个

配菜（方便做的分量）

意式甜椒酱

甜椒（红、黄）—各1个

料汁
　红酒醋—15mL
　凤尾鱼切末—5g
　EVO—30mL　　大蒜油—15mL
　砂糖—5g　　盐—1～2g

柿子酱

柿子—1个

料汁
　白葡萄酒醋—15mL
　迷迭香—1g
　砂糖—5g　　盐—2g
　红辣椒末—1/3根的量

马铃薯—1个

西兰花芽、红芯萝卜、红水菜—各适量

EVO—适量

步骤

❶ 切肉整理其形状

❷ 按帕玛森奶酪、鸡蛋清和面包屑的顺序涂上外皮

❸ 低温油炸（10分钟）

❹ 用平底锅做柠檬鼠尾草黄油酱

❺ 放入肉后浇油

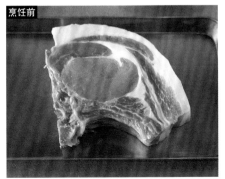

烹饪前

烹饪后

1　把带骨头的里脊肉切成3根手指（3～4cm）的厚度，切好后会露出骨头。带骨头炸的话，肉不会收缩，形成饱满的形状。肉筋需要切掉。

2　将肥肉切成5mm厚度。

5　将磨碎的帕玛森奶酪放入碗中，将肉压在碗中，在肉排两面蘸上帕玛森奶酪，注意撒盐的一面要少蘸取奶酪。

6　撒了帕玛森奶酪的状态。用这么少量薄薄的撒上即可。

Chef's Tips

猪肉水分多。首先，在低温下加热，然后慢慢油炸，使肉的水分蒸发，这样肉的味道就会凝结，从而增加甜度。

9　将橄榄油和猪油按1:2的比例混合，加热到120℃，然后将肉轻轻地放入。

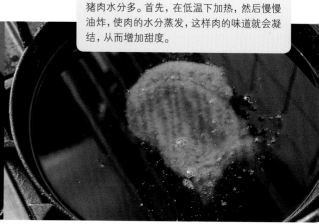

10　将肉放入低温（120℃）的油中，小气泡会慢慢地、啪嗒啪嗒地冒出来。如果油中"唰！"一下冒出气泡来的话，说明温度太高了。

3   整理好肥肉的状态。

4   只在盛盘时朝上的一面撒上少量的盐，另一面不用。

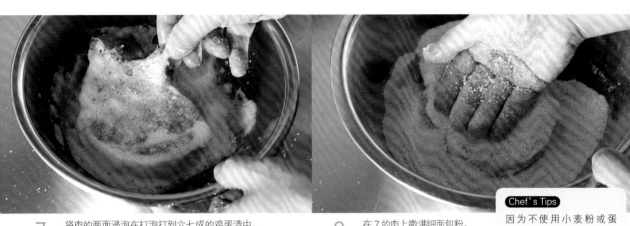

7   将肉的两面浸泡在打泡打到六七成的鸡蛋清中。

8   在7的肉上撒满细面包粉。

Chef's Tips

因为不使用小麦粉或蛋黄，所以脆皮的味道清淡，能直接感受猪肉的味道。

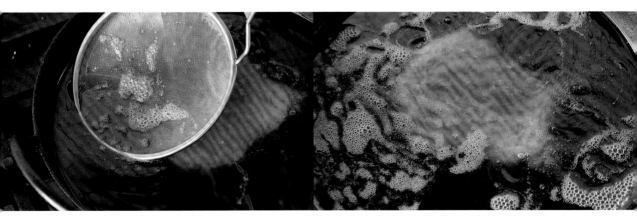

11   浮起来的面包屑容易烧焦，尽快撇出去。

12   随着油的温度慢慢上升（火候保持小火不变），冒出的气泡就会增加。10分钟后，捏住骨头侧，夹起翻面。

13 当外皮变成金黄色时，从油中取出。因为没有使用蛋黄，所以颜色是米黄色而不是金黄色。

14 将肉放在铁网上静置3分钟。

16 当油开始出泡时，把肉从盛盘时朝上的一面朝下摆入。

17 肉浇油。因为只是最后添加香味，所以浇油只为了使猪肉散发出柠檬鼠尾草黄油的香味。不要煎出太重的烤色。

15 进入最后调味阶段。在平底锅里放入等量的米油和黄油，加入鼠尾草和柠檬，用中大火加热。

18 把肉翻过来，再浇油，从平底锅里取出后再切开。在提供给客人之前不需要静置。

配菜的做法

意式甜椒酱

整块甜椒在炭火或烤架上烤至皮变黑，剥去烧黑的薄皮，切成1cm宽的长方形。

趁热浸泡在料汁中（根据凤尾鱼的咸味，调节加盐的量）。

柿子酱

把柿子切成半月形，用料汁腌制。

马铃薯切成小块，红芯萝卜切成薄片。

用加入砂糖和盐（比例为5：2）的热水煮马铃薯和红芯萝卜，煮至还保持其口感的程度。

摆盘装饰

将切好的肉的骨头部分立在盘子的上面，将意式甜椒酱放在靠近中心的位置。

在带骨头的肉和意式甜椒酱上放上炸猪排（一片露出横截面，另一片米黄脆衣面朝上）。

将其他蔬菜和柿子酱均衡放置，并将EVO浇盖至整体上。

藏红花煮猪肩里脊

放入藏红花煮得很香的软甜猪肉，再加上奶油般的酱汁。
与皱叶甘蓝的口感对比也很有趣。

烹饪要点

这道古典风料理中，猪肉和马铃薯一起食用，马铃薯煮沸后煮成糊状，是一种朴素的佳肴。这次，我们经过费时费力的工序为其增添了一种都市风格，煮得很软的猪肉配上奶油般绵密的马铃薯酱汁。用皱叶甘蓝包上，口味更加清爽轻快。

食材(6人份)

猪肩里脊肉—1 kg

盐(海盐)—10 g

月桂叶—3 片

藏红花—2 g

洋葱—1 个

大蒜—2 瓣

橄榄油—50 mL

白葡萄酒—360 mL

水—1.8 L

皱叶甘蓝叶—1 片

配菜(方便做的分量)

大葱—4 ~ 5 cm

鸡油菌—2 个

黄油、核桃油—各适量

盐、白胡椒—各少许

酱汁

汤汁—90 mL

藏红花—1 撮

马铃薯(削成泥)—30 g

虾夷葱—少许

步骤

❶ 切肉，用叉子扎洞

❷ 肉上撒盐，用麻线捆绑上

❸ 静置3天

❹ 煮炒好的蔬菜、肉、藏红花(4小时)

❺ 取出肉切开

❻ 把汤汁用筛网过滤后进一步煮

❼ 用煮好的皱叶甘蓝包肉

烹饪前

烹饪后

流程 PROCESS

1 把肉切好，使其宽度、长度、厚度修整均一，在两面用叉子扎洞。

2 用肉重量的 1% 的海盐揉搓。

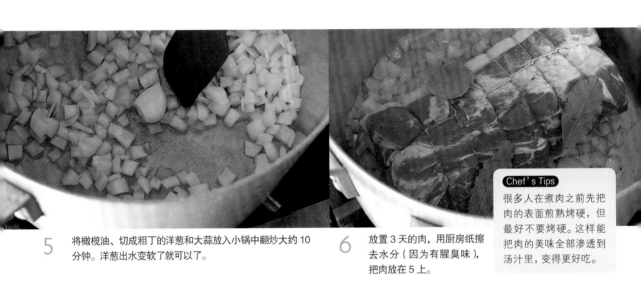

5 将橄榄油、切成粗丁的洋葱和大蒜放入小锅中翻炒大约 10 分钟。洋葱出水变软了就可以了。

6 放置 3 天的肉，用厨房纸擦去水分（因为有腥臭味），把肉放在 5 上。

> **Chef's Tips**
> 很多人在煮肉之前先把肉的表面煎熟烤硬，但最好不要烤硬。这样能把肉的美味全部渗透到汤汁里，变得更好吃。

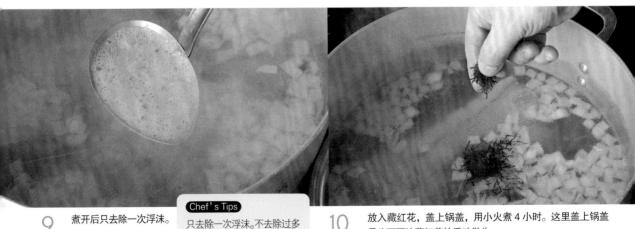

9 煮开后只去除一次浮沫。

> **Chef's Tips**
> 只去除一次浮沫。不去除过多浮沫也是因为想留下美味。

10 放入藏红花，盖上锅盖，用小火煮 4 小时。这里盖上锅盖是为了不让藏红花的香味散失。

3 为了使肉的厚度均匀，肉被麻线捆绑成螺旋状。

4 将月桂叶放在肉上，将肉放在带铁网的托盘上，连同托盘一起盖上保鲜膜，在冰箱中放置3天。偶尔从冰箱里拿出来，把积存在托盘里的水分倒掉。

7 加水用中火煮。

8 加白葡萄酒。

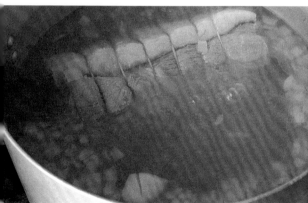

11 熬出藏红花颜色的状态。

12 熬煮到水量明显变少后，就把锅倾斜，避免肉露出水面太多。

13 　煮 4 小时，把肉取出，把汤汁进行过滤。

14 　汤汁里的蔬菜用漏勺捣碎后过滤。

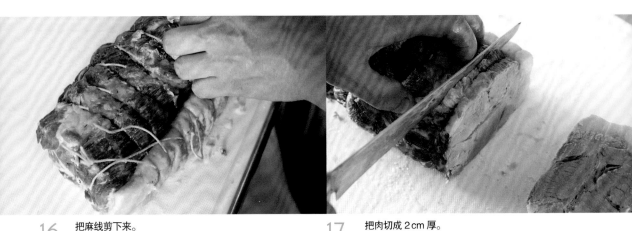

16 　把麻线剪下来。

17 　把肉切成 2 cm 厚。

19 　包肉用的皱叶甘蓝用 5：2 的砂糖和盐的沸水汆烫。粗硬的菜梗需要削掉。

20 　将皱叶甘蓝的粗硬茎部向下放置，并在叶上放肉。

15　将 14 的汤汁放入小锅中，熬煮成酱汁。

酱汁和配菜的做法

酱汁

在汤汁中加入 1 撮藏红花，用低温加热，沸腾 1 次，关火，静置 5 分钟，摄取藏红花的颜色和香味。加入磨碎的马铃薯，再加热至沸腾。余热散去后，用手动搅拌机搅拌，使其黏稠。尝一口，如果咸味不够就加盐。把虾夷葱切成葱花加入。

配菜

黄油煎焦后加入核桃油，将斜切的大葱和切成两半的鸡油菌迅速翻炒，撒上盐和胡椒。

摆盘装饰

将酱汁倒入深碗中，将肉用皱叶甘蓝包好，将切成两半的肉交叠放置在酱汁上。 在下侧的肉上放上大葱和鸡油菌。

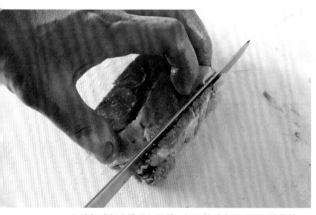

18　把肉切成长方体进行调整。切下的碎肉可以用于炖菜等。

21　从根部开始卷到叶尖，将肉卷起来包住。

莳萝烤猪肩里脊

烤得娇嫩多汁的猪肉和清爽的莳萝是最好的搭配。
分量感十足的肉也能不断地吃下去。
享受肉如耸立般的存在感，猪肉的樱花色和莳萝的绿色的对比也很美。

切的稍厚的肉，先用烤箱烤至八成熟，然后用靠近炭火的大火烤出娇嫩多汁的香味。

作为能衬托猪肉美味的名配角莳萝，凭借放在肉上的烤莳萝和铺在盘子上的生莳萝的"双重效果"，使其效果更佳。

食材（2人份，图片是1人份）

带骨头的猪肩里脊—400g

（去骨时的可食用部分300g）

生莳萝—20g

盐（海盐）—4g

白胡椒—适量

橄榄油—20 mL

配菜

苹果甜菜汁

苹果、甜菜—各30g

料汁

发酵奶油—10g

白葡萄酒醋—3 mL

盐、白胡椒—各适量

酱汁

生莳萝—20g

EVO—20mL

鳄梨—1/4个

开心果、薄荷叶—适量

步骤

❶ 切肉，在肥肉上划出菱形的切口

❷ 在肉上撒盐、白胡椒

❸ 把切碎的莳萝放在肉的单面，浇橄榄油

❹ 用烤箱烤（140℃，30分钟）

❺ 用炭火两面烤

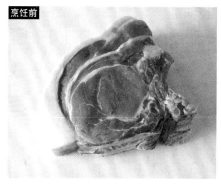
烹饪前

烹饪后

1　将肉切成 3 根手指的厚度（3 ~ 4cm），将肥肉部分修整 5mm 的厚度。为了使脂肪在烤的时候容易脱落，用刀在肥肉上切成菱形的切口（深 2 ~ 3mm）。

2　两面撒上盐，其中一面撒上白胡椒（比黑胡椒更香更细致）。将切碎的莳萝放在肉的另一面，从上面涂上橄榄油，使其完全渗透，帮助莳萝贴合。

4　烤了 30 分钟的状态。这个阶段大约有 8 成熟。

5　最后用炭火烤，使肉具有烤色和芳香的炭香。烤肉的火候是靠近炭火的大火。从放有莳萝的表面开始烤 1 ~ 2 分钟。

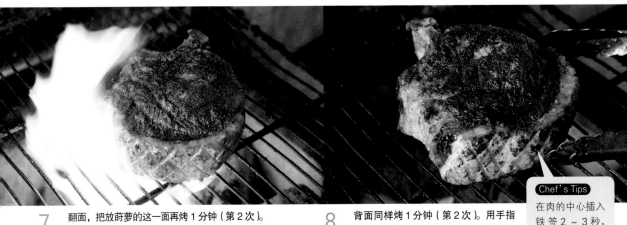

7　翻面，把放莳萝的这一面再烤 1 分钟（第 2 次）。

8　背面同样烤 1 分钟（第 2 次）。用手指触摸放莳萝的表面和侧面，若有柔软的弹性就烤好了。也可以将铁签插入肉中确认。

Chef's Tips
在肉的中心插入铁签 2 ~ 3 秒，取出，铁签变热就可以了。

3　将肉转移到带铁网的烤盘上，在140℃的烤箱中烤30分钟。

6　翻过来，背面也同样烤1～2分钟。脂肪会引火，肉被火焰包围后吹灭。

9　烤好的背面。肉变厚了。可以不静置直接提供给客人。

酱汁和配菜的做法

配菜

鳄梨切成5mm厚。

苹果甜菜汁

将苹果和甜菜切成小块，然后用料汁浸泡。

酱汁

将生莳萝切成尽可能细的碎末，与EVO混合。

摆盘装饰

在盘子的中间放莳萝的酱汁，在上面放上切成一半的肉。蘸上苹果甜菜汁。

把碎开心果撒在肉上面的烤好的莳萝上，在盘子的边缘放上鳄梨和薄荷叶。

第 6 章

鸡 · 鸭

鸡·鸭

烹饪的思路和方向性

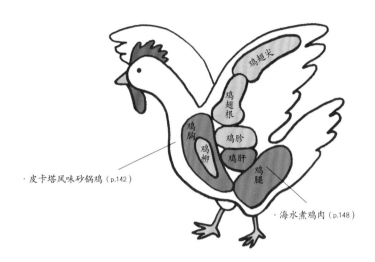

鸡翅尖

鸡翅根

鸡胸

鸡柳

鸡胗

鸡肝

鸡腿

·皮卡塔风味砂锅鸡（p.142）

·海水煮鸡肉（p.148）

禽类的肉像鱼肉。

　　这样说会让人觉得不可思议，但是禽类和鱼一样都是"带皮烹调"的，烹调方法有很多共同点。从传统的鱼料理出发，有时也会想到全新的家禽料理（海水煮等）。

　　没有皮的肉，两面烤的话容易变干，但是对鸡肉而言，鸡皮两面都烤得很充分，按照七八成时间用来煎皮，二三成时间用来煎肉，里面的肉用余温加热会更加松软。因为绝对不想让肉变得干柴，所以要有意识地将肉中的水分保留四五成，使其娇嫩多汁。最关键的是不要因为加热过度而使水分蒸发出来。

　　对于鸭肉来说，如果烹调时水分残留过多，切开时血和肉汁就会全部流出。为了让血液被封闭在组织里，需要一边静置，一边慢慢地烤制。

处理鸡肉时的注意事项

💡 根据产地、品种的不同，鸡肉的味道和肉质等也有很大差异，所以要找到自己喜欢的鸡肉。日本知名的天草大王鸡闻起来像炒蘑菇，肉质柔软。伊达鸡、天城军鸡的肉质不太硬，价格也很合适，是笔者常用的鸡肉。

DATA

·鸡肉：剔除内脏的天草大王鸡全鸡（约2500 g）
·鸭肉：法国沙朗产的鸭胸肉（约200 g）
※ 鸭肉采用的是切割好的胸肉。
　不需要预先处理。

预处理前

1　用刀切掉尾巴上的"鸡臀尖"（附着在尾骨上的三角形肉）。切下来的鸡臀尖除去皮脂腺后就可以烤着吃了。

2　用刀在腿根部内侧轻轻切出2个切口。

3　在另一侧腿的根部也切出切口。这个阶段只要把皮切断就可以。

4　从切口处向外侧折，取下髋关节。

5　另一侧腿的髋关节也向外折。

6　到关节晃动的程度后，用刀从大腿内侧切开。切的部分的肉很薄，方便下刀。

7　另一侧的大腿内侧也同样用刀切开。

8　两条腿和身体部分分离的状态。

9　进入胸部切割。将肩部（图片中为右肩）与翅根一起抓向外侧，同时切开从颈部到翅根的筋，露出胸腔内部。

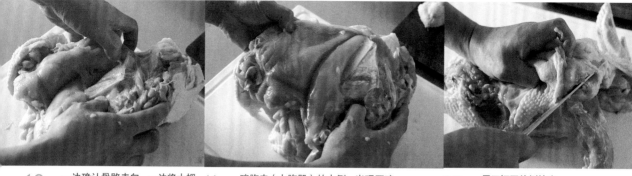

10　一边确认骨骼走向，一边将大拇
指放入胸腔和肩之间取下。

11　鸡胸肉（大胸肌）的内侧，出现了鸡
柳（小胸肌）。

12　用刀切开外侧的皮。

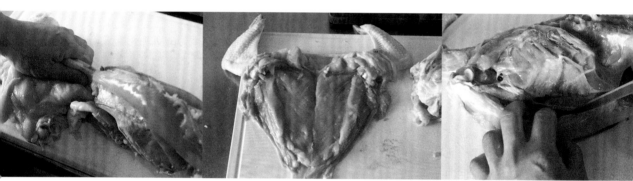

16　翻开的肩膀至胸肉部分，颈部与
身体只剩皮骨相连的部分。用刀
只切颈皮（不切颈骨）。

17　与身体分离的胸肉（大胸肌）。肩上与鸡
翅尖仍相连。

18　接着进入切除身体上残留的鸡柳（小
胸肌）的流程。沿着鸡柳边缘放入刀
的刀刃。

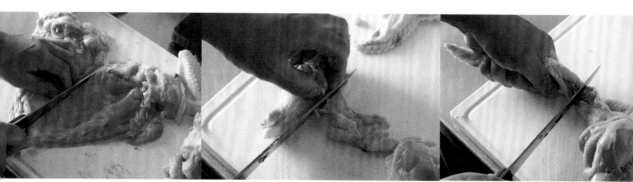

22　进入从胸肉上切下鸡翅根、鸡翅
尖的流程。首先将胸肉左右分开。

23　把刀放在翅根处切下鸡翅。把多余的皮去
掉。

24　从全翅上切下鸡翅尖。切下鸡翅尖
后，鸡翅根与鸡胸肉的相连处，用手
折断，或者用刀切断。

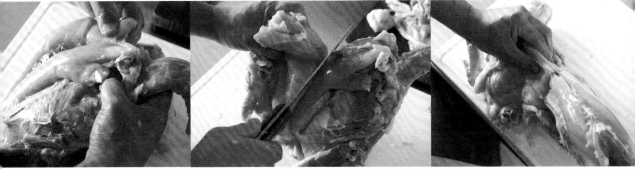

13　一边顺着骨头走向一边取下胸肉。

14　用左手抓住从肩部到胸肉的部分，切开与躯干相连的肩胛骨附近的筋。

15　把连接胸肉和躯干的筋切开，切成左右两部分，像脱掉衣服一样将肉向上翻起剥离。

19　把刀的刀刃沿着肋骨切开，为了不伤到鸡柳，伸入手指剥下鸡柳。

20　取下完好的鸡柳的状态。

21　用刀的刀刃削掉脖子上的"鸡颈肉"（在日本烤鸡店很受欢迎的稀有部位）。在笔者经营的CARNEYA餐厅，会将它与剩下的鸡骨一起用来做汤。

25　从左开始分别是鸡翅尖、鸡翅根、鸡胸肉。处理工作完成。

皮卡塔风味砂锅鸡（Casserole）

Casserole 在意大利语中是砂锅。
把烤得软软的鸡肉和黄油或洋酒的香味封锁在砂锅中，变得更加美味。

烹饪要点

将鸡肉浸泡在盐水中，在渗透压的作用下，鸡肉的美味会凝聚，还具有保湿效果，让料理时容易变得干柴的鸡肉也会烤得多汁。如果是肉质好的鸡肉，即使只是普通的烤制也很好吃，如果像这样再花点时间留住美味的话，就会有一种奢侈的美味。

鸡蛋液面皮配上黄油和洋酒，也是将清淡的鸡肉做得华丽的技巧。

食材（2人份）

鸡（天草大王鸡）胸肉—200 ~ 230 g

盐—20 g

水—500 mL（盐分浓度4%的盐水）

鸡蛋—2个

香芹—4 g

高筋粉、米油—各适量

黄油—50 g

佩德罗 – 希梅内斯酒（极甜的雪莉酒）—30 mL

薄荷叶—适量

配菜（方便做的分量）

法式薯片

马铃薯—1/4个

嫩叶菜—10 g

沙拉调味油—适量

坚果—5 g

蘑菇—50 g

香菇—50 g

橄榄油—适量

西班牙黑猪香肠—3片

瓯橘—1个

步骤

❶ 把肉泡在盐水里（半天~1天）

❷ 去掉水分，撒上面粉

❸ 制作鸡蛋液，包在鸡肉上

❹ 用平底锅煎

❺ 移到砂锅里浇上洋酒，盖上锅盖煮（2分钟）

烹饪前

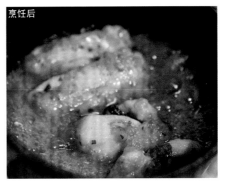

烹饪后

1　制作比海水略浓（盐分浓度4%）的盐水。

Chef's Tips
盐是西西里的海盐，又咸又有强烈矿物质感的风味很适合做料理。

2　将肉和盐水放入可以密封的塑料袋中，在冰箱中放置半天至1天。用盐水浸泡的肉会变得多汁，即使烤也不会变得干柴。

5　把肉切成4块。

6　把全蛋（蛋黄加蛋清）捣碎，混合20g黄油和香芹。

9　在加热的平底锅里涂上米油。

Chef's Tips
米油没有特殊香味和味道，做料理味道会很清淡。不想干扰其他食材和调味料味道的情况下非常适合选用。

10　将肉浸泡在6的鸡蛋液中。

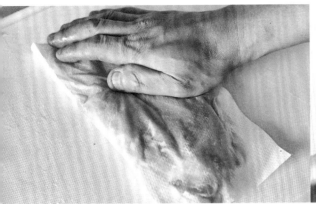

3　从盐水中取出肉，用厨房纸吸干水分。

4　去掉多余的筋和皮。

7　为了做得酥脆，在整个表面涂上面粉（高筋粉）。

8　拍掉多余的面粉。

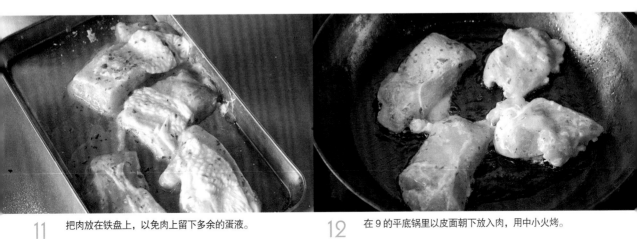

11　把肉放在铁盘上，以免肉上留下多余的蛋液。

12　在9的平底锅里以皮面朝下放入肉，用中小火烤。

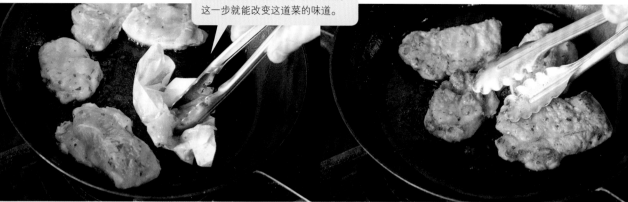

Chef's Tips
把多余的脂肪频繁吸掉，烤制清爽的技巧是尽可能除去多余的油脂。这一步就能改变这道菜的味道。

13　如果皮里释出脂肪，就用厨房纸吸去。

14　用夹子压住肉，烤出焦色后，翻过来。到目前为止，肉煎至7成左右，煎至表皮酥脆。移到砂锅或深锅中，然后进入精加工过程。

15　把佩德罗－希梅内斯酒倒在砂锅里的鸡肉上。

16　把切成条状的黄油30g和薄荷叶放在上面。

Chef's Tips
如果有松露的话，在这里加比较好。闻起来很香。

17　盖上锅盖放在中火炉子上煮2分钟。

18　煮2分钟的状态。鸡蛋面皮充分吸收了黄油的美味和佩德罗－希梅内斯酒的甜香味，作为甜咸香的酱汁美味地包住鸡肉。

配菜的做法

法式薯片

将马铃薯切成3mm厚的薄片，在平底锅里涂上较多的橄榄油，用中小火到小火煎至熟为止。

嫩叶菜用沙拉调味油搅拌均匀。

坚果烤好后，用刀粗切。

蘑菇和香菇切成碎末，放入橄榄油中炒，直到水分蒸发。

西班牙黑猪香肠切成薄片，再将薄片切成两半。

摆盘装饰

把砂锅放在木托盘的右边，把切成半月状的瓯橘放在肉上。

左下侧放置法式薯片，上面放上炒好的蘑菇、香菇和西班牙黑猪香肠。

法式薯片像迷你比萨一样吃。

加入切成8等分的半月状的瓯橘，从上面撒上嫩叶菜和坚果。

海水煮鸡肉

在意大利，会用海水煮鱼，换成鸡肉做出来就像"西式鸡肉锅"一样。
多汁的鸡肉和美味十足的汤是无论什么时候都想吃的简单的美味。

烹饪要点

将鸡肉放入盐浓度约为海水（2.5%）的水中，加入足量的橄榄油代替锅盖，在以不沸腾的火候下"咕嘟咕嘟"地煮。像压力锅一样用橄榄油膜带来密封空间，鸡肉就会变得柔软多汁。

食材（4人份）

鸡（天草大王鸡）的带骨鸡腿肉—
　　200～230g×4根
盐—25g
水—1L
圣女果—100g
酸浸刺山柑蕾—30g
意大利芹—20g
盐水腌渍黑橄榄—30g
EVO—100mL

步骤

❶ 把带骨头鸡腿肉切开
❷ 制作盐水，加入蔬菜、香草和EVO
❸ 放入鸡肉在不沸腾状态下煮（30分钟）
❹ 切肉
❺ 在汤汁中加入意大利芹和EVO煮

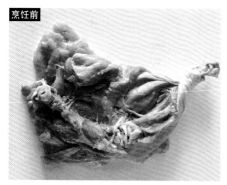

烹饪前

烹饪后

1 用刀切下鸡的脚踝。

2 切去多余的皮。

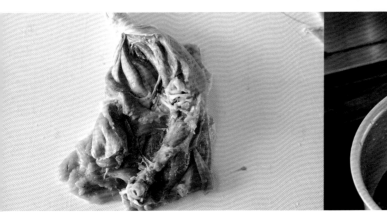

5 带着骨头切开的状态。带骨头煮，就会煮出极佳的高汤。

6 制作盐水（1L水加25g盐），放入锅中。加入圣女果、酸浸刺山柑蕾、切成末的意大利芹（半份）、盐水腌渍的黑橄榄、EVO（半份）。

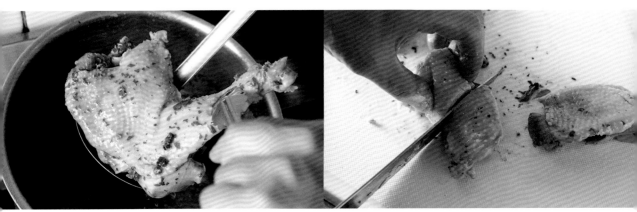

9 煮软后把肉取出来。

10 去骨，把肉切成容易吃的大小。

3 　沿着腿骨入刀，切开皮和肉。

4 　膝关节折断后切开。图片的
后方是小腿，前方是大腿。

Chef's Tips

在橄榄油膜下，像压力锅
一样加热，肉煮得很软。

7 　把肉放进锅里，放在中小火上煮，在快要沸腾之前调到最
小火（沸腾后会有浮沫）。一边注意不要沸腾，一边用最小
火煮 30 分钟左右。

8 　水分减少时，倾斜锅，使肉始终浸泡在橄榄油膜下的盐
水中。

11 　将汤汁、圣女果和酸浸刺山柑蕾放入小锅中，再加入半份
的意大利芹和半份的 EVO 乳化。

12 　把鸡肉盛在有深度的碗里，倒入煮沸后的汤汁。

嫩煎鸭肉
佐以沙丁鱼干汤汁和可可豆的香味

鸭肉是有野性风味的食材。沙丁鱼干高汤和可可豆的"土壤味",做成很有滋味的佳肴。

🔦 烹饪要点

最好吃的料理是利用动物肉特有的香味来烹调。用香味浓郁的鸭的脂肪浇淋，烤得娇嫩多汁。

这次给人的印象是仿效金泽当地的鸭肉料理——治部煮，将沙丁鱼干高汤和可可片（将可可豆烘焙，粉碎成片状）的调味汁混合在一起。汤汁的美味和像牛蒡的"土壤味"一样的可可豆的香味，使味道浓郁的鸭肉具有典雅的味道。

食材（1人份）

鸭胸肉（沙朗产）—1片（200g）

盐（西西里海盐）—2g

配菜（方便做的分量）

蓝莓拌可可片

可可片—3g

蓝莓—15g

黑葡萄醋—5mL

意大利小洋葱酸甜酱

小洋葱—8个

红葡萄酒醋—20mL

砂糖—40g

虾子草叶片—1~2片

迷迭香—1枝

酱汁

沙丁鱼干（伊吹小鱼干）高汤—90mL

马铃薯（生的磨碎）—80g

盐—适量

步骤

❶ 切肉，切除多余的筋和皮

❷ 在皮面上刻上切口

❸ 两面撒盐

❹ 在平底锅里一边浇油一边烤

烹饪前

烹饪后

1　胸肉切成对半切开（2个）。沿着脊梁骨放入刀的刀刃。

2　用刀的刀刃把胸肉上方的锁骨切掉。

5　切除多余的筋和皮。

6　切掉肩部附近的肉，取出内侧的 C 形锁骨（图片的最下方）。

Chef's Tips
若是食材本身就富含油脂的话，平底锅中就不必倒油。

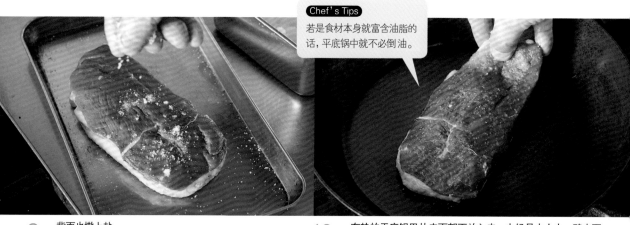

9　背面也撒上盐。

10　在热的平底锅里从皮面朝下放入肉。火候是中小火。鸭肉下锅时不是"唰！"的强烈声音，而是出现"滋滋滋"的小声音，这时的火候很合适。

3　锁骨周围多余的脂肪也被切掉。

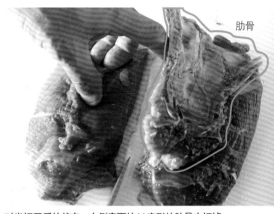

肋骨

4　对半切开后的状态。右侧表面的 V 字形的肋骨也切掉。

7　在皮上划 2 个切口，这样肉在加热时就不会变形了。

Chef's Tips
如果脂肪流出太多的话，就会失去鸭肉的香味和美味，所以切口不是格子状的，2 根直线就可以了。

8　两面撒上盐（西西里的海盐）腌入味。

11　鸭皮出油后，用汤匙舀起来浇油。

12　肉有弹性就翻过来。

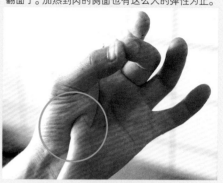

Chef's Tips
肉的弹性摸起来像是"大拇指和中指轻轻合在一起时的大拇指根部的触感"左右的弹性时，就可以翻面了。加热到肉的侧面也有这么大的弹性为止。

13　触摸肉的侧面，如果还软，说明肉的内部还处于近乎生的状态。

14　浇油时，在肉厚的地方浇较多的油，在肉薄的地方浇较少的油。将平底锅斜着放置，把油脂积存在平底锅下，浇在皮面上。

15　颜色变得焦黄的状态。

Chef's Tips
已经烤出酥脆的鸭皮，要避免回软，应选择摆在迷迭香上，同时可以沾上香气。

16　侧面也有充分的弹性的话，说明已烤好。煎熟的程度可以通过在中心部位插入铁签来确认（参照 p.99）。

17　把肉从平底锅里拿出来。放在迷迭香上，在炉子上方温暖的地方静置 10 分钟左右。

配菜和酱汁的做法

配菜

蓝莓拌可可片

将切碎的可可片和蓝莓放入碗中，加入黑葡萄醋混合。

意大利小洋葱酸甜酱

小洋葱放入热水中余烫，热水中加入5：2的砂糖和盐。

在薄锅里放入砂糖烤制成焦糖，关火，用红葡萄酒醋把焦糖稀释、拌成酱汁。

把小洋葱倒入，盖上锅盖煮。小洋葱变软后，取下锅盖，煮至水分收干。

酱汁

在锅里放入沙丁鱼干高汤，加入适量的盐和磨碎的马铃薯调味，放在火上沸腾。沸腾一次后关火，用手动搅拌机搅拌，直到变成泡沫状。再放在火上加热至黏稠。

摆盘装饰

4块切好的鸭肉摆在盘子中央，中间留出空间。在中间的空间里倒入浓稠的酱汁，在肉的横截面上放上蓝莓拌可可片。在盘子的里侧放上小洋葱、蓝莓，放上虾子草叶片和迷迭香。

因为酱汁的泡沫很容易消失，所以提供给客人之前再把酱汁倒进去。

第 7 章

内脏

内脏
烹饪的思路和方向性

· 炖牛舌（p.172）

金钱肚（第2胃）
· 油炸金钱肚（p.164）
· 清煮金钱肚（p.168）

鸡翅尖
鸡翅根
鸡胸
鸡柳
鸡胗
鸡肝
鸡腿

· 鸡肝泥（p.176）

内脏是在许多肉类爱好者中非常受欢迎的"老饕级部位"，但实际上我个人不太敢吃。

有人会质疑"能用自己不敢吃的食材做出美味的料理吗?"，但正因为自己对内脏的气味很敏感，所以才能够意识到这一点，做出即使是不喜欢内脏的人也能吃的美味料理。

另外，内脏的"臭味"和"美味"是一体两面的。像拥有个性派演员的魅力一样，对于臭味和特有的味道的内脏，并不是要"消除"而是要"衬托"这种味道。

为了做到这一点，要得到新鲜的内脏才可以，仔细地进行清理。建议能有效地使用有名的配角——香草、香料蔬菜、洋酒等。

DATA

· 牛金钱肚（第2胃）:（内脏没有产地和品种等信息，约3kg）
· 牛舌:（内脏没有产地和品种等信息，约1.5kg）
· 鸡肝：日向鸡（1只70g）※无预处理

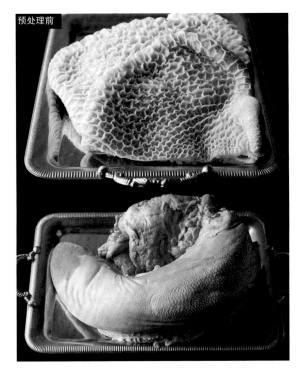

预处理前

处理内脏时的注意事项

💡 内脏的新鲜度比什么都重要。要购买高质量、新鲜的内脏，必须与批发商和商店进行沟通，并建立一个紧密的采购网络。

💡 如果是新鲜度好、臭味少的内脏，"消除臭味"的步骤就会控制在最小限度。例如鸡肝，如果新鲜的话，只需清理血块即可。不需要浸泡在水或牛奶中，因为美味会流失。

💡 预处理要仔细进行，如焯水两次，把污垢清除干净等。

💡 焯水或煮时，不要盖上锅盖，以免臭味留在食材里。

1　把金钱肚焯水 2 次。大锅里放入金钱肚和水，沸腾后倒捞在盘中。重复此过程。

2　沥水，放凉。焯水时的臭味很强，如果仔细煮好的话，金钱肚本身就不会留下臭味。

3　放凉后切成 2 片。

4　在这个时候还很硬，感觉像橡胶一样。

5　为了表面修整得更加干净，用刀刮掉杂质和污垢。

6　清洁后的金钱肚和水放入锅中。

7　在锅里放入 2 个小洋葱、1 根胡萝卜、1 根香芹、1 头大蒜（切成两半），少许八角、月桂叶和岩盐，用小火煮大约 3 小时。八角的甜香味和炖肉很配。

8　煮 3 小时后表面会有透明感。虽然感觉有点硬，但这种状态在烹调时更容易渗入味道。

9　放在筛子中冷却。因为可以冷冻保存，所以店里是统一做出来的。煮好的汤汁可以加入到煮金钱肚时的酱汁中使用，所以要保留下来。

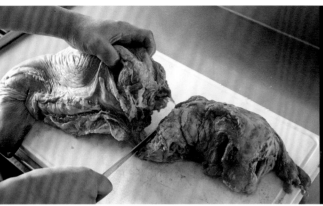

1　把牛舌和咽喉软骨切开。咽喉侧的肉可以用来做高汤。

2　汆烫后冷却，进入去皮流程。在锅中放入牛舌和水加热。

5　用冰水冷却的话，表面的皮就会缩紧。

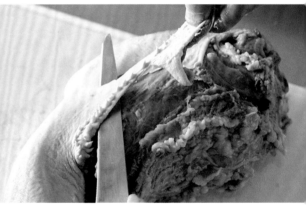

6　余热冷却后，用刀去皮。

9　在舌的下方根部入刀。

10　削掉舌下的筋。

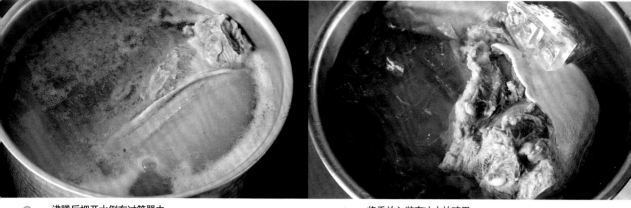

3　沸腾后把开水倒在过筛器中。

4　将舌放入装有冰水的碗里。

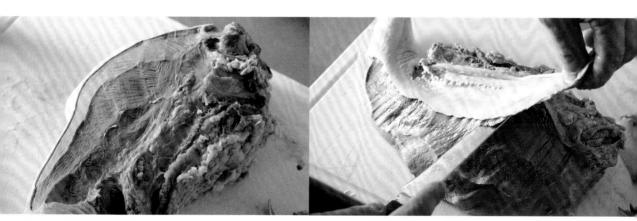

7　一侧的皮去除的状态。

8　牛舌是高级食材，削皮尽量削薄。去皮后，几乎都是可食部分，成品率高。

11　仔细地去掉筋。切下来的筋也可以熬高汤。

12　清理完毕的状态。

油炸金钱肚

外面是酥脆的脆皮，里面是软嫩的状态。
有弹性，令人愉快的口感激发了金钱肚的新魅力。

🔊 烹饪要点

金钱肚（蜂巢胃）如果加热过度的话，就会变成橡胶般的口感。这是一种兼备弹性（嚼劲）、臭味和些许美味的既难料理又有趣的食材。在这道料理中，用猪油炸得金黄，使金钱肚的褶皱边缘（凹凸不平）立起，外侧清爽酥脆，内侧像加热的贝类一样软嫩，可以享受到口感的差异。

食材（1人份）

金钱肚（预处理过的）—80 g

盐—少许

砂糖—少许

黑胡椒—少许

猪油（炸油）—适量

小麦粉（高筋粉）—适量

配菜（方便做的分量）

西红柿—1 小个

青葱—1/4 根

龙蒿草—适量

粒盐（西西里天然海盐）—少许

酱汁（方便做的分量）

生奶油—50 mL

雪利酒醋—10 mL

意大利鱼酱—5 mL

大蒜油—5 mL

EVO—适量

步骤

❶ 把金钱肚切成薄片

❷ 撒盐、砂糖和黑胡椒

❸ 薄薄地撒上小麦粉

❹ 用170 ℃的猪油炸得表面金黄酥脆

烹饪前

烹饪后

1 经过预处理后切成两半的金钱肚，再切成两半，使其成为长方形。

2 油炸金钱肚要做成酥脆的口感，为了便于加热，要斜着切成薄片。

5 把砂糖也撒上。

> **Chef's Tips**
> 砂糖的保湿效果使内部变得软嫩多汁。油炸的时候，外面酥脆，里面是软嫩的口感，会产生反差。

6 撒黑胡椒。黑胡椒的味道和金钱肚非常配。

9 上了淡淡的炸焦色。再炸一下，直到着色为止。

10 被炸成了金黄色。外侧是酥脆的，内侧像加热过的贝类一样软嫩，交织的口感很有趣。

3　斜切成薄片的状态。

4　摆在铁盘上，从上面薄薄撒一层盐。

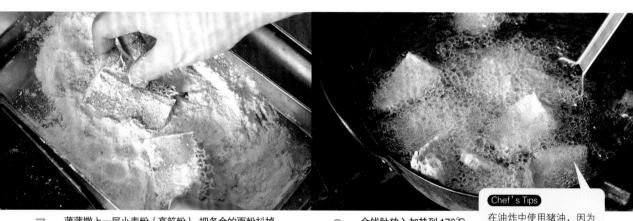

7　薄薄撒上一层小麦粉（高筋粉），把多余的面粉抖掉。

8　金钱肚放入加热到170℃的猪油里油炸。

Chef's Tips
在油炸中使用猪油，因为脂肪浓度高，会炸得酥脆。

酱汁和配菜的做法

配菜

西红柿切成薄片，青葱切成碎末。龙蒿草切成3cm左右长。

酱汁

将生奶油、雪利酒醋、意大利鱼酱、大蒜油（生大蒜用橄榄油浸泡制成）混合搅拌。因为容易分层，所以在提供给客人之前再混合。

摆盘装饰

在盘中铺上切成圆片的西红柿，在西红柿上放上金钱肚。撒上龙蒿草、青葱、粒盐，从上面撒上酱汁和EVO。
炸得酥脆的金钱肚和新鲜的西红柿的口感对比很有趣。

清煮金钱肚

能充分享受到柔软而又有弹性且味道醇厚的清煮金钱肚。
不使用西红柿，就能突出金钱肚的个性，是一种简单而深邃的味道。

🔔 烹饪要点

与任何酒都很配，在喜欢内脏的客人中很受欢迎的就是这个清煮金钱肚。没有番茄味的覆盖，可以简单地品尝到金钱肚本身的味道，不会吃腻。金钱肚在加入洋葱、高汤、洋酒的味道，在香醇的汤汁中充分浸泡，慢慢炖煮，咬起来就会溢出香味。

食材（6人份）

金钱肚（预处理过的）—600g

索夫利特酱（仅洋葱版）※—洋葱1个

高汤—540mL（参照p.198）

金钱肚的煮汁—360mL

白葡萄酒—180mL

威士忌—20mL

盐—适量

※ 索夫利特酱（仅洋葱版）：一般的索夫利特酱会搭配番茄等制成，这是仅将洋葱切碎后加入橄榄油用小火炒1小时，直到变成焦糖色。

配菜（方便做的分量）

蒸煮西葫芦

西葫芦—1根

西红柿—1/2个

白葡萄酒—15mL

橄榄油—15mL

盐—适量

薄荷—适量

罗马诺干酪（磨碎）—5g

EVO—10mL

步骤

❶ 把金钱肚切成条状

❷ 炒金钱肚和索夫利特酱

❸ 加白葡萄酒和威士忌煮

❹ 将煮金钱肚的水和高汤倒入锅中，将金钱肚完全浸泡在其中

❺ 不盖锅盖，煮到汤汁变成一半

❻ 用盐调味

烹饪前

烹饪后

流程 PROCESS

> **Chef's Tips**
> 即使是同样的金钱肚,通过炖煮和油炸的不同方法得到的口感也不同。根据完成时的口感,调整切法和厚度。

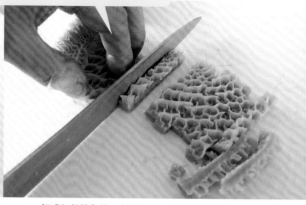

1　经过预处理后切成两半的金钱肚,再切成两半,使其成为长方形。

2　切成细长的条状。在炖煮中,因为想留下只有切开才有的嚼劲,所以呈直角入刀,不像油炸时的斜切。

5　放入金钱肚翻炒。

6　调成中小火,加入白葡萄酒。

9　煮到汤汁减少到一半左右就基本完成了。金钱肚有透明感和光泽。

10　最后用盐调整味。

> **Chef's Tips**
> 盐会抑制肉的特色,在制作不同菜品时,盐的添加时间不同,这道料理要在完成时加盐。

Chef's Tips
一般的索夫利特酱会搭配洋葱、芹菜、胡萝卜、番茄等制成，仅使用洋葱的话，更能突显食材本身的风味。

3 切成条状的状态。

4 把索夫利特酱放在锅里，用中火轻炒。洋葱的甜味会融入金钱肚中。

7 加入独特味道的威士忌。

Chef's Tips
加入少量的威士忌，当你咬到金钱肚时，它会有一种浓郁的味道散发出来。

8 将煮金钱肚的水和高汤倒入锅中，将金钱肚完全浸泡在其中，煮30分钟。

Chef's Tips
为了不使内脏的臭味留在汤汁中，蒸煮时不盖锅盖是重点。

配菜的做法

蒸煮西葫芦
西葫芦横切成5mm厚的圆片。西红柿去皮去籽，切成小块。
在浅锅里放入西红柿，撒上少许盐，加入白葡萄酒和橄榄油，蒸至变软。

摆盘装饰

在盘子里放上金钱肚，撒上切成细丝的薄荷，撒上磨碎的罗马诺干酪和EVO，再加上蒸煮西葫芦。
金钱肚和薄荷一起吃是属于罗马风格的风味。

炖牛舌（Bollito）

口感松软的炖牛舌。

牛肝菌和芳香蔬菜的香味衬托出了牛舌淡淡的高雅美味。

🥄 烹饪要点

作为高级食材的牛舌的魅力在于高雅的美味和口感。为了凸显优质牛舌的魅力，加入的只有香味浓郁的牛肝菌和芳香蔬菜。

不盖锅盖，慢慢煮3小时，就能做出简单而清澈的料理。

食材（方便做的分量）

牛舌（预处理过的）—1个（1.2 kg）
干牛肝菌—30 g
洋葱—1/2 个
芹菜—1 根
大蒜—1/2 头
龙蒿草—2 枝
岩盐—10 g

配菜

西红柿—1/4 个
芜菁—1/2 个
小葱—2 根
舞菇—30g
西蓝花苗—5g

步骤

❶ 在锅里放入牛舌、水、干牛肝菌加热

❷ 去除浮沫，加入芳香蔬菜和岩盐

❸ 不盖锅盖煮（3小时）

❹ 在锅中放置一夜冷却

❺ 把牛舌切成薄片，放回汤汁中加热

烹饪前

烹饪后

1　锅里放入牛舌，倒入足以浸没食材的水。放入一把干牛肝菌，放置 30 分钟左右，然后放在火上加热。

2　煮开后除去浮沫一次。去浮沫过多的话，肉的味道和美味也会损失，所以只去一次浮沫。

5　煮了 1 小时左右，把牛舌上下翻过来。

6　煮好的状态。就这样在汤汁里放置一夜冷却。

9　前端舌尖稍硬的部分（左侧），可以裹面包粉煎制或用意大利香醋煮都会很好吃。把汤汁用明胶等凝固，做成果冻状也非常好吃。

10　将舌根部切成 1cm 厚的薄片，与汤汁一起放入小锅中加热。

3　加入洋葱、芹菜、大蒜（切一半）和龙蒿草。

4　放入岩盐，用小火煮3小时，以免沸腾。为了不让气味留在汤汁中，不盖锅盖，用极小的火煮。

7　从汤汁里捞上来的牛舌。已经浸上牛肝菌和芳香蔬菜的香味，同时也煮得酥软美味。

8　把牛舌切分成舌尖侧和舌根侧。因为舌的根部较软，越向舌尖越硬，所以在这道料理中使用舌根部（右侧）。

配菜的做法

不要用牛舌汤煮蔬菜，这道料理要把蔬菜的味道做得更清淡，以衬托牛舌的味道。

将芜菁切成10等份的细条状，放入砂糖和盐的比例为5∶2的热水中煮至变软。舞菇和小葱迅速焯水。西红柿切成小块。

摆盘装饰

在一个深碗里放上牛舌，配上西红柿、芜菁、小葱、西蓝花苗和舞菇。

最后取90mL的牛舌汤汁由上往下淋。

鸡肝泥

在浓郁的鸡肝中加入凤尾鱼和醋浸刺山柑蕾调味,给人一种轻快而时尚的感觉。
存在感突出的鸡肝泥,可以成为前菜的主角。

🥄 烹饪要点

无论如何都要使用新鲜的肝脏。新鲜的肝脏不需要用牛奶等去除臭味，可以凸显其本身浓郁的风味。用手工方式剁碎，留下颗粒般的口感，也是为了留下"肝脏味"。

鸡肝泥不是配角而是主角，做成像蘸汁一样，用蔬菜充分蘸取食用的一道佳肴。

食材（方便做的分量）

鸡肝—1 kg

牛油—适量

红洋葱—2个

凤尾鱼—50 g　　醋浸刺山柑蕾—30 g

高汤—360 mL　　马德拉酒—200 mL

白葡萄酒—200 mL

盐—8 g　　胡椒—适量

鼠尾草、迷迭香—各1枝

配菜（2人份）

煮红洋葱

红洋葱—1/4个

白葡萄酒—10 mL

橄榄油—10 mL

百里香—1枝

盐—2 g

砂糖—3 g

金菠萝—1/8个

青芦笋—4根

法式乡村面包—2片

细叶芹—适量

流程

❶ 清理肝脏

❷ 炒红洋葱和肝脏

❸ 加入其他食材翻炒

❹ 加酒熬煮

❺ 加高汤熬煮

❻ 冷却后用刀切碎

烹饪前

烹饪后

1　将新鲜鸡肝切成小块，仔细去除脂肪、血管和血块。

Chef's Tips
肝脏的新鲜度是第一位的。但是新鲜肝脏浸泡在牛奶或水里会失去本身的味道，所以是不可取的。

2　在浅锅里放入牛油，炒两个切好的红洋葱，直到稍微炒出焦香。在炒好的红洋葱中加入鸡肝。

5　加入凤尾鱼、醋浸刺山柑蕾、鼠尾草和迷迭香，使味道变得轻盈而突出。加凤尾鱼是托斯卡纳风味的做法。

6　为了调味，加入马德拉酒和白葡萄酒。

Chef's Tips
因为想留下肝的肉感，而不想做得太光滑，所以不用食品搅拌器，而是硬要用刀切碎。

9　搅拌时锅底变黏稠时关火。因为是糊状的，所以不能煮到完全没有水分的程度。移到容器里冷却。

10　放在砧板上，用刀剁碎。只要切到可以看到醋浸刺山柑蕾颗粒的程度就可以了。移到容器保存在冰箱中（可以保存10天左右）。

3　炒的时候，鸡肝里的水分出来后，改用中小火慢慢地把水分蒸发出去。

4　鸡肝中的水分蒸发出去的状态。

7　继续熬煮。锅边容易烧焦，勤用锅铲刮除。

8　水分大量蒸发后放入高汤，重新煮，直到锅里的水分减半。加入盐（用量为肝重量的0.8%，根据凤尾鱼的咸味来调节）调整味道。撒胡椒。

配菜的做法

煮红洋葱

红洋葱用白葡萄酒、橄榄油、百里香、盐和砂糖放在锅里蒸煮，以稍微加热的方式迅速焯水。

金菠萝放入平底锅中煎，用菠萝的糖分烘烤至表面上色。

青芦笋放入砂糖和盐为5：2的热水中煮得稍软一些。法式乡村面包烤得表面酥脆即可。

盘装饰

青芦笋放在盘子里，把鸡肝泥放在芦笋的茎上。两端放上红洋葱和法式乡村面包。加上金菠萝，撒上细叶芹。

TBCL
ALUMI

第 8 章

肉酱意大利面

意大利宽扁面配肉酱

可以说是"成年人的肉酱"，具有肉料理店特有风格的肉酱。
通过加入鸡肝，增加了醇厚的美味。

💡 烹饪要点

牛的大腿内侧肉虽然口感硬但味道浓郁，磨成肉末就能引出其美味。再加入鸡肝使味道更加醇香，是肉料理店特有的技巧。

各食材充分炒好后，将水分（洋酒等）熬干后再加入鸡肝，这也是多层次的呈现食材味道的要点。

食材（10人份）

牛肉酱

　短角牛的大腿内侧肉（瘦肉）—约1.2 kg（做成肉末后约1 kg）

　鸡肝—150 g（肉末的1～2成重）

　索夫利特酱（洋葱1个、胡萝卜1/2根、芹菜1根）—3大勺

　白葡萄酒—250 mL

　马萨拉酒—250 mL

　番茄酱—360 mL（总共2勺的量）

　高汤—1L

　牛油—50 g

　盐—10 g

　黑胡椒—适量

　鼠尾草—1根

　迷迭香—1根

意大利宽扁面—80 g

黄油—5 g

罗马诺干酪—5 g

EVO—5 mL

高汤—70 mL

盐、黑胡椒—各适量

步骤

❶ 将牛肉（大腿内侧肉）做成肉末

❷ 翻炒肉末和鸡肝

❸ 加入索夫利特酱和洋酒翻炒，拌炒收干

❹ 加入番茄酱和高汤熬煮

❺ 意大利宽扁面煮熟后拌入肉酱

烹饪前

烹饪后

1　在短角牛的大腿内侧肉的瘦肉和皮之间入刀，剥去瘦肉。

2　皮上剩下的瘦肉也用刀削掉。

5　将牛油（参照 p.187）放入锅中，放在火上加热。

> **Chef's Tips**
> 炒肉末的时候用牛油来包裹食材，增添一层保护膜，不易变质，耐存性好。

6　放入肉末，中火炒至水分收干。

9　用木铲把鸡肝一边炒一边捣碎，翻炒至水分收干为止。

10　鸡肝几乎没有水分的状态。撒盐和胡椒。

> **Chef's Tips**
> 盐能抑制肉的特有味道和气味，所以放盐的时机要根据"想表现出多少肉的个性"来改变。因为想凸显肝脏的特性，所以在这里是后放盐。

Chef's Tips
肉末容易氧化从而变得不新鲜，
所以建议在使用前再绞碎。

3　切成小块，放进碎肉机，大腿内侧肉有很多筋，很硬，不
适合直接料理。

4　用碎肉机切成肉末。为了留住肉的味道和口感，把肉切得
偏粗一些。

7　肉末的水分收干的状态，变成一粒一粒的颗粒状。

8　加入鸡肝翻炒。通过加入鸡肝，增加了肉酱醇厚的味道。

11　加入索夫利特酱翻炒。

Chef's Tips
先把肉炒香，然后加索夫利
特酱，比把肉放进索夫利特
酱中更香更好吃。

12　当索夫利特酱充分拌匀时，加入鼠尾草和迷迭香。

Chef's Tips
料理用的葡萄酒不是红色的，而是白色的。想要凸显肉本来的风味时，白葡萄酒是最好的料理酒。

13　加入白葡萄酒和马萨拉酒。加入的量使肉能浸泡一半左右即可。

14　当加入的酒的水分煮干时，加入番茄酱。

17　水分基本收干的状态。用盐、胡椒调味，完成肉酱的制作。

18　进入酱汁和意大利宽扁面搭配的流程。在平底锅里，放入肉酱120g、黄油、高汤70mL，放在中火上加热。

19　加入煮好的意大利宽扁面，与肉酱搅拌。

20　浇上EVO，最后用盐、胡椒调味。把意大利宽扁面盛在盘子中，撒上磨碎的罗马诺干酪就完成了。

15　加入 1L 高汤。

16　盖上锅盖煮 1 小时左右。

专　栏 — 关于牛油

牛油原本是"精制的牛油"(德语中为 fett),但 CARNEYA 餐厅使用的是将牛油、橄榄油、鹅脂以 3 ∶ 3 ∶ 2 的比例混合而成的,一点一点地添加制作,具有浓郁、复杂的鲜味和香味,在炒肉末时使用。用牛油包裹食材,不易变质,耐存性好。另外,与油炸油混合在一起时,可以增加浓郁的风味。

培根（盐腌猪颈肉）鸡蛋意大利面

与口味较重的红酒非常配的意大利面。
主角是盐腌猪肉中的"脂肪"，它凝聚了肉的美味。
把美味的脂肪充分地融入鸡蛋中，拌入意大利面享用。

烹饪要点

在罗马研修期间笔者经常做培根鸡蛋意大利面，这是一道"主打脂肪的料理"。决定味道的不是鸡蛋，而是用盐腌制浓缩美味的猪肉的"脂肪"。为了将脂肪全部炸出来，诀窍是将培根炒得酥脆，炸干脂肪，直到像"木乃伊"一样干燥为止。

食材（2人份）

培根（盐腌猪颈肉）—70 g

橄榄油—少许

鸡蛋意大利面用的鸡蛋液

　　蛋黄—2 个份（80克面条配1个蛋黄）

　　水—50 mL

　　佩科里诺干酪—20 g

　　格拉纳帕达诺干酪—10 g

　　黑胡椒—胡椒研磨器磨碎20次

意大利面—160 g

大蒜油—1 小勺（以橄榄油10 mL，配切片的生大蒜一瓣制成）

白葡萄酒—100 mL

帕玛森奶酪—5 g

黑胡椒—1 g

步骤

❶ 把培根切成薄片，炒成偏干的焦红色

❷ 把鸡蛋和调味料拌成鸡蛋液

❸ 煮意大利面

❹ 把煮好的意大利面和培根混合在一起翻炒

❺ 把鸡蛋液混合在一起，用小火使面变得黏稠

烹饪前

烹饪后

1　将培根切成 5mm 厚的薄片。

2　再切成 5mm 宽的条状。

5　制作鸡蛋意大利面用的蛋液。加入蛋黄、奶酪（佩科里诺和格拉纳帕达诺干酪）、水和黑胡椒充分混合。

6　煮意大利面（这里使用蒸制时间为 10 分钟的面条）。在意大利面煮熟之前，将 5 中的鸡蛋液放在靠近火源的温暖的地方。

9　关火，放入大蒜油和白葡萄酒。

10　煮好意大利面前几分钟把 9 中的平底锅放在火上加热。放入沥干的意大利面翻炒。

3　将平底锅倾斜，放入极少量的橄榄油，再放入切好的培根，用小火加热，直到脂肪熔化，肉变脆为止。

4　翻炒了半熟左右的状态。这时继续翻炒变得更脆。

7　培根中的脂肪被炸出来变脆的状态。

8　平底锅里积存的培根的脂肪，如果全部使用的话，意大利面的味道会变得太重，所以将一半倒入另外的碗中。

11　关火后，加入5中的鸡蛋液混合。

12　将平底锅再次放在小火上，一边加热一边混合。变黏稠后制作完成。盛在盘子里，上面撒上大量的帕玛森奶酪和黑胡椒。

猪肉意式水饺

用充满蛋黄的饺子皮包上煮得很软的猪肉馅，做成简单美味的意式水饺。
口感柔嫩，弹性十足，鼠尾草、黄油和黑胡椒香勾起大家的食欲。

烹饪要点

将直接食用也很美味的藏红花煮猪肩里脊（p.126）切成肉末作为意大利水饺的配料使用。在北意大利，这是家庭和高级餐厅都经常制作的一道料理。

将猪肉的汤汁巧用在肉末和鼠尾草黄油的水分调节中，整体用猪肉的美味进行调味。

食材（方便做的分量）

意式水饺的肉馅

藏红花煮猪肩里脊（p.126）—200 g

索夫利特酱—1 大勺

格拉纳帕达诺干酪—5 g

猪肉汤汁—1 大勺（15 mL）

黑胡椒—适量

意式水饺的面皮

高筋粉—280 g

硬质小麦粗粉—100 g

蛋黄—4 个份

鸡蛋—2.5 个（蛋黄和蛋清混合液共210 g）

橄榄油—5 g

盐—5 g

鼠尾草—1 根

黄油—20 g

步骤

❶ 做好意式饺子皮的面团后静置（半天以上）

❷ 把藏红花煮猪肩里脊切成肉末

❸ 加入索夫利特酱混合做成肉馅

❹ 在抻开的面皮上放上肉馅，包住

❺ 做成意式水饺煮熟

❻ 在煮好的意式水饺上撒上鼠尾草黄油

烹饪前

烹饪后

1　将藏红花煮猪肩里脊（做完放1天以上更多汁）切成可以放入碎肉机的大小。

2　用碎肉机切成肉末。

5　做成肉馅的状态。

6　做成饺子皮的面团。制作面团时，将全部材料放入食品搅拌机混合，用手充分揉捏面团，放置半天以上。

9　将其抻开至能透过面皮看到手指的厚度，切成约15cm宽。

10　在面皮上，将1小勺量的肉馅团起来，以3cm左右等间隔放置。

3 混合索夫利特酱,用猪肉汤汁调节软硬度(软硬度大约以饺子的肉馅为基准)。

4 加入黑胡椒和格拉纳帕达诺奶酪,混合,使其变得光滑。

7 在工作台上撒上硬质小麦粗粉(面粉颗粒大,不易黏着),用擀面杖擀成面条机能放的厚度。

8 把面片在面条机上多次压薄。

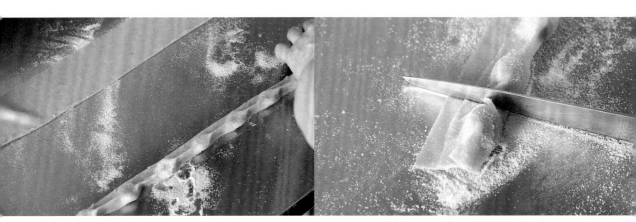

11 从上面用喷雾器喷水(为了容易黏在一起),将面皮两端折起来包裹。

12 在两个肉馅之间用刀切开,使肉馅的两端闭合。

13 把上面的面皮折起来盖上，用手指夹住切好的两端调整形状。

14 水中放入一小撮盐，烧开水，放入包好的意式水饺煮3分钟左右。

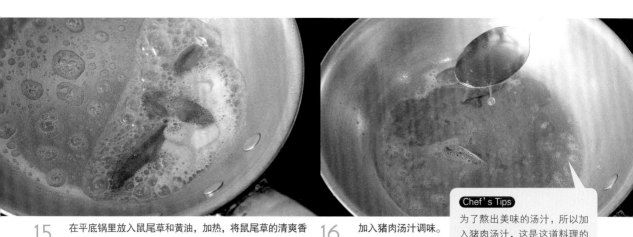

15 在平底锅里放入鼠尾草和黄油，加热，将鼠尾草的清爽香味转移到黄油中。

16 加入猪肉汤汁调味。必要时加盐。

Chef's Tips
为了熬出美味的汤汁，所以加入猪肉汤汁，这是这道料理的关键。包着猪肉馅的面皮会吸收汤汁，味道非常美味。

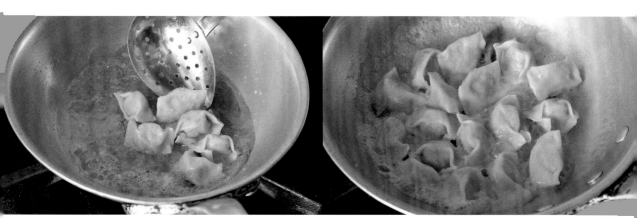

17 用平底锅里的鼠尾草黄油煎炒煮好的意式水饺。

18 做好的状态。盛在盘子里，撒上黑胡椒就完成了。

资讯篇

高山主厨的
杀手锏菜单
开发室

在制作肉料理以及开肉料理店时，如何将优质的肉做成"吸引顾客的亮眼餐点"，此时厨师的实力就会受到考验。对于这些问题和烦恼，既是"彻头彻尾的厨师"又是"相当严谨的经营者"的高山主厨，直截了当地做出了回答。
非常值得参考。

Q 1

肉的修剪和整理时出现的边角料（碎肉）丢掉太可惜了……

A 品质好的肉价钱也高，都希望用完不浪费。在我们店里，零碎的肉除了做成高汤外，还会切成碎肉做成肉馅，或者作为员工食用的"肉吸汤面"[1]或咖喱等用完。

如果提前做好高汤，就可以作为基础调味料用于多种用途。把经过预处理除去的骨头煎过再放进去熬汤，就可以熬出好的高汤。[2]

[1] 关西风味的乌冬面汤中加入牛肉薄片的肉汤。据说其起源是大阪的乌冬面店"千とせ"。
[2] 参照"炖羔羊后腿肉"（p.100）。

高汤的制作方法

1 食材是和牛或熟成牛的边角料（碎肉）1kg和一小盆蔬菜（西红柿、芹菜、洋葱和大蒜）。在集满1kg碎肉前，可以冷冻储存。

2 在锅里放入肉和8L水加热，即将沸腾时放入蔬菜。

3 放入蔬菜后用中火煮150分钟。

4 只去除一次浮沫。煮150分钟后，关火，过滤后，分开冷藏或冷冻保存。

Q2 店里的"招牌料理"是怎么创造出来呢？

A 用流行的语言来说就是"signature food"。为了使其成为招牌，从某种意义上来说，需要有执着性，如果锁定"能表现自我风格的餐点"，就要有继续做下去的恒心，至少要坚持2~3年，不要太在意自己做的是否正确。如果没有人点这道菜的话，2~3年后你总会发现。

一想起我喜欢的店的招牌料理，就会想到那家店的主厨说过，在好的意义上，"利己主义"地"做着自己想做的菜"的感觉。

也有与此完全相反的情况，在回应顾客的喜好和需求的过程中，有时也会打造出招牌料理。我们店的招牌肉拼盘"Carneya All Stars"就属于后者。将各种种类、部位的肉用炭火烤成一盘，是从客人的需求中产生的。

有一天，经常来店里的一位年轻男性客人烦恼地说："我想吃和牛、熟成牛、隔膜肉、鸭肉，但一个人吃不完。"当时正好有其他客人点了这些肉，所以我提议"各150g全部拼盘吧"，结果他非常高兴。这时，我突然想到"啊，这样会更受欢迎"，"这是有利润的菜品啊"。由于这次意外，打造出了客人和我都满意的双赢菜品。之后，每次采访时，我都推荐了取名为"Carneya All Stars"的这种拼盘，命名似乎也很好，转眼间就传开了。这样以顾客的角度看待问题，也能打造出招牌料理。

另外，重要的是认真考虑投资回报率。如果是作为店的招牌料理的话，应该好好地成为赚钱的菜品。对于主厨来说，做一道可以表现自己的招牌料理时难免会将成本置之度外，但是即使招牌菜品卖得再多，如果赚不到很多钱的话，也没有意义。

Q3 总觉得我们的菜单没有什么亮点，也觉得没有吸引人的魅力。如何刷新菜单呢？

A "怎样做才能让客人更开心呢？"按照这个思路，如何发挥想象力呢？

例如，在我们店里发生了这样的事情。我问员工如何烹调金钱肚，他说："用西红柿煮，这是最经典的搭配。"确实，番茄炖金钱肚的确是最经典的搭配，很好吃，但是如果没有味道稍浓的红葡萄酒的话，很难搭配。如果用清煮的方法的话，白葡萄酒和红葡萄酒都很配。最初是和白葡萄酒一起搭配各种前菜，然后再换成红葡萄酒搭配肉，在这样的流程中，作为前菜的金钱肚，用清煮的方式做出来则点菜的自由度就大大提高了。实际上，我们家的常客都经常喝酒，所以清煮的方式做出来的很受欢迎。

只要想着店里常客的需求，再对既有菜品加以调整，就能开发出吸引人的新菜品。

Q 4 在我们店所在的地区，人气店云集，想要做一个能生存下去的店，该怎么办呢？

A 制作"招牌料理"也是如此，关键在于"如何做出独一无二的食物"，如何与其他店区别开来。那就得在特定领域中成为第1名，否则就创造出"别人没有的理念"。

自己独自开店的时候，我反复地思考了什么会成为自己的武器。自己既不出名，作为厨师也没有很好的经历。但是，"在烤肉店出生长大，每周6天都在吃牛肉""在法式料理店和意大利料理店进修"等背景，是别人所没有的，是只有自己才有的。将这样的自己凸显出来，如果不能成为第1名的话，就成为独一无二就好了。那时有很多餐厅也提供肉料理，但几乎没有只专门提供肉料理的餐厅。在"肉热潮"的推动下，"意大利肉料理店"这个概念很快就被接受了。

做美味料理的厨师很多，但做美味"理念"的厨师却很少。希望厨师们的目标不仅是美味的料理，还能把美味的理念作为目标。因为我非常喜欢在别的餐厅吃饭、与人交流。有美味理念的餐厅也会给你带来做出美味料理的灵感。如果发现这样的店，一定要去品尝。

Q 5 像"si.si.煮干啖"推出的沙丁鱼干风味的意大利面等，高山主厨的想法令人吃惊。怎样才能一个接一个地创造出这种亮点餐点？

A "需要是发明之母"，或者说"这个，怎么办才好呢"的想法是创意的源泉。原本在CARNEYA，熬汤汁时会使用沙丁鱼干作为隐藏的味道，同时会添加其他料理不使用的头和内脏。我试着把它们做成薄片，结果很好吃。"沙丁鱼干是美味的凝聚物，简直和奶酪一样啊"，这样才联想到了"如果和奶酪一样的话，可以用来做意大利料理了吧！"于是试着做了一下，发现很好吃，之后又尝试了很多，决定要不要试着开一家以此为主题的店。

我并不是只研究出了这种亮点餐点。我尝试做了菜单上出现的菜品数量的大约100倍的菜品，把认为"还不是令人满意的"舍弃了。没有看到光明就被雪藏的料理堆积如山。当可以在菜单上出现的时候，对我来说那已经是明星产品了。

所以我希望我的客人们，不要再问："这家店的推荐餐点是什么？"了，因为全部都是推荐的！

后记

　　进入料理世界两年后，20 多岁时，拿着《我，在盘子上》(《皿の上に、僕が**ある**》，三国清三氏著）一书，除了"That's all"这句话以外，再也找不到其他的言语，感觉像是被这本书震撼到了，心生敬畏。

　　把人生献给料理的态度，"这个盘子，这个料理就是自己！"我们可以从这本书中看出我们的责任感和自豪感。当时我下定决心，"我也要以这种气概做料理"。

　　这次让我感到光荣的是，我也有机会出料理书了。

　　对我来说，"理论型人"和"骨子里的厨师"这两种特质共存。在即将要公布新料理和食谱的时候我常常会想，"终于到了凸显自己的时候了……"，"到底是哪一个我会凸显出来呢？"我对自己既有期待又有不安，一边想象着上菜时客人的表情，一边思考着 60 ~ 70 种不同的料理。

　　此时的客人不是特定的人，而是"空气客人"。对于我来说，独处的时候在心里的对话，想象中的"空气好友"和"空气酒友"。

　　然后严选了 26 道能让"空气客人"惊喜的菜品，在这里进行了介绍。

　　努力思考创作的料理和食谱数不胜数。如果能被很多对肉料理感兴趣的人看到，那就太好了。

　　这本是以肉料理为主题的书，但也包含了将鱼和其他蔬菜作为食材的烹饪方法和食谱。如果能直接作为肉料理的食谱使用，我当然会很高兴，如果能将这本书作为读者获得料理灵感的信息源之一，那就再好不过了。

　　不管阅读本书的人是专业厨师还是非专业人员，会有"如果是自己的话，不会这样做"这样的评论和建议，或"如果是我的话，我想提供这道菜"的感想，那就太好了。

　　最后，非常感谢自 2007 年 10 月"CARNEYA"开业以来，一直支持我们的客人，还有支持我的员工们，真的非常感谢。

　　在餐厅休息时仍来帮助烹饪的员工们，帮了我很大的忙。拍摄后我们一起去喝酒和吃饭，聊了很多话，都是愉快的回忆。

　　多亏了大家的支持，我能够持续做肉料理这么长时间，还出版了书。

　　真的非常感谢。

关于今后的想法，我想要成为一生都能吃到心爱的肉的有活力的自己。

为此，如果有力所能及的事，我会继续做下去。虽然也有不足之处，但我希望这本书能让很多人看到，成为实现某种事物的契机。

今后也请多多指教。

Mangiamo Carne！（吃肉吧！）

2019 年 2 月

高山伊佐己

原书名：イタリア肉料理の発想と組み立て
原作者名：高山 いさ己

Italia nikuryouri no hassou to kumitate
Copyright © Isami Takayama 2019
Original Japanese edition published by Seibundo Shinkosya
Publishing co., Ltd. Chinese simplified character translation
rights arranged with Seibundo Shinkosya Publishing co., Ltd.
Through Shinwon Agency Co, Chinese simplified character
translation rights © 2022 China Textile & Apparel Press

本书中文简体版经株式会社诚文堂新光社授权，由中国
纺织出版社有限公司独家出版发行。本书内容未经出版者书
面许可，不得以任何方式或任何手段复制、转载或刊登。

著作权合同登记号：图字：01-2021-6618

图书在版编目（CIP）数据

肉料理：从肉的分割、加热到成品／（日）高山伊
佐己著；柴晶美译. -- 北京：中国纺织出版社有限公
司，2022.3

ISBN 978-7-5180-8883-6

Ⅰ.①肉… Ⅱ.①高… ②柴… Ⅲ.①荤菜—菜谱
Ⅳ.①TS972.125

中国版本图书馆 CIP 数据核字（2021）第 183917 号

责任编辑：闫 婷 责任校对：楼旭红 责任印制：王艳丽

中国纺织出版社有限公司出版发行
地址：北京市朝阳区百子湾东里 A407 号楼 邮政编码：100124
销售电话：010—67004422 传真：010—87155801
http://www.c-textilep.com
中国纺织出版社天猫旗舰店
官方微博 http://weibo.com/2119887771
北京华联印刷有限公司印刷 各地新华书店经销
2022 年 3 月第 1 版第 1 次印刷
开本：787×1092 1/16 印张：12.75
字数：144 千字 定价：148.00 元